手を動かして学ぶ

Google
AppSheet

グーグル
アップシート

ノーコード開発入門

イルカのえっちゃん 著

C&R研究所

■権利について
- 本書に記述されている社名・製品名などは、一般に各社の商標または登録商標です。
- 本書では™、©、®は割愛しています。

■本書の内容について
- 本書は著者・編集者が実際に操作した結果を慎重に検討し、著述・編集しています。ただし、本書の記述内容に関わる運用結果にまつわるあらゆる損害・障害につきましては、責任を負いませんのであらかじめご了承ください。
- 本書の内容は2024年11月現在の情報に基づいて記述しています。

■読者特典について
- 読者特典のPDFについてはC&R研究所のホームページからダウンロードすることができます。詳しくは4ページを参照してください。

●本書の内容についてのお問い合わせについて

この度はC&R研究所の書籍をお買いあげいただきましてありがとうございます。本書の内容に関するお問い合わせは、「書名」「該当するページ番号」「返信先」を必ず明記の上、C&R研究所のホームページ(https://www.c-r.com/)の右上の「お問い合わせ」をクリックし、専用フォームからお送りいただくか、FAXまたは郵送で次の宛先までお送りください。お電話でのお問い合わせや本書の内容とは直接的に関係のない事柄に関するご質問にはお答えできませんので、あらかじめご了承ください。

〒950-3122 新潟県新潟市北区西名目所4083-6　株式会社 C&R研究所　編集部
FAX 025-258-2801
『手を動かして学ぶ Google AppSheet ノーコード開発入門』サポート係

▌▌▌ PROLOGUE

　筆者が、AppSheetを知ったきっかけは、当時勤めていた勤務先の上司から「AppSheetというノーコードツールを導入する事になったから、あなたも勉強会に参加しないか？」と呼びかけられた事がきっかけでした。

　当初は、本当に右も左もわからない状態でしたが、とにかく、AppSheet関連の書籍を読んだり、YouTube動画で知識やテクニックを学んでいきました。そして、知識を深めるほどに、AppSheetの可能性とポテンシャルの深さに驚くばかりでした。そのまま、AppSheetに没頭して、今では毎日のように、AppSheetコミュニティで発信される最新情報などをチェックするほどです。

　ただ、AppSheetの知識を深める一方で、AppSheetが巷で言われているほど、「誰でも簡単にアプリを作れる」というような代物ではないという事もわかりました。もちろん、本当に簡単なアプリであれば、ほとんど画面をポチポチと設定していくだけで完成するようなアプリもあります。しかし、そのような「直感的な作業だけ」でできるアプリは、AppSheetのポテンシャルから言えば、せいぜい1〜2%ぐらいしか引き出せていない状態ですし、「実際のビジネスや業務シーンで使えるレベルのアプリ」となると、もっとロジカルで高度なアプリ設計が必要となります。

　AppSheetで業務レベルのアプリを構築するには、最低限抑えておかなければいけない知識や関数があります。本書では、これからAppSheetを始める方にはもちろんですが、「AppSheetは、誰でも簡単にアプリが作れると思ってたのに、実際にやってみると、難し過ぎて挫折した！」という方向けにも、再チャレンジしていただけるよう、絶対に理解しておかなければいけない「テーブルのリレーション」について、CHAPTER-04で重点的に解説しています。

　また、本書の執筆にあたり、きめ細やかなフォローとアドバイスをいただいた、C&R研究所の関係者の皆様、この場を借りて、感謝の気持ちをお伝えいたします。

2025年1月

イルカのえっちゃん

読者特典について

▌▌▌ 読者特典「在庫管理アプリ開発」の解説PDFダウンロード

　在庫管理アプリ開発の解説PDFは、C&R研究所のホームページからダウンロードすることができます。入手するには、次のように操作します。

❶ 「https://www.c-r.com/」にアクセスします。
❷ トップページ左上の「商品検索」欄に「472-7」と入力し、[検索]ボタンをクリックします。
❸ 検索結果が表示されるので、本書の書名のリンクをクリックします。
❹ 書籍詳細ページが表示されるので、データダウンロードバナーをクリックします。
❺ 下記の「ユーザー名」、「パスワード」を入力し、ダウンロードページにアクセスします。
❻ 「在庫管理アプリ開発」データのリンク先のファイルをダウンロードし、保存します。

```
ダウンロードに必要な
ユーザー名とパスワード
 ユーザー名    AppS
 パスワード    is5w
```

※ユーザー名・パスワードは、半角英数字で入力してください。また、「J」と「j」や「K」と「k」などの大文字と小文字の違いもありますので、よく確認して入力してください。

　ファイルはZIP形式で圧縮していますので、解凍（展開）してお使いください。

CONTENTS

- ●序 文 ……………………………………………………………………… 3
- ●読者特典について ……………………………………………………… 4

■CHAPTER 01
Google AppSheetについて

- □□1 Google AppSheetについて ………………………………… 10
  - ▶AppSheetの歴史 …………………………………………………10
  - ▶AppSheetの主な特徴 ……………………………………………10
  - **ONEPOINT** 複数デバイスに対応できる …………………………………12
- □□2 AppSheetの魅力と可能性 ……………………………………… 14
  - ▶AppSheetのメリット ……………………………………………14
  - ▶AppSheetのデメリット …………………………………………14
  - **ONEPOINT** CRUDとは ……………………………………………………16
- □□3 AppSheetの価格について ……………………………………… 17

■CHAPTER 02
AppSheetの利用方法

- □□4 開発の環境構築 …………………………………………………… 20
  - ▶アカウント認証システム …………………………………………20
- □□5 Googleアカウントの作成 …………………………………… 21
  - ▶Googleアカウントの作成 ………………………………………21
  - **ONEPOINT** 言語の設定 ………………………………………………………25
- □□6 AppSheetへサインイン ……………………………………… 26
  - ▶AppSheetサイトへのサインイン手順 …………………………26
- □□7 AppSheetアプリのインストール方法 ……………………… 29
  - ▶端末へのアプリのインストール手順 ……………………………29

CONTENTS

■CHAPTER 03
簡単なアプリを作成してみよう

- 008 アプリの開発 …………………………………………………… 36
  - ▶日報アプリの特徴 ……………………………………………36
  - ▶データとAppSheetの接続 ……………………………………36
- 009 スプレッドシートとAppSheetを接続する ……………………… 37
  - ▶スプレッドシートの準備 ……………………………………37
  - ▶AppSheetサイトからスプレッドシートに接続する方法 ……40
  - ▶スプレッドシートの拡張機能から接続する方法 ……………43
- 010 インターフェースを知ろう …………………………………… 44
  - ONEPOINT デフォルトフォルダパスの変更【※推奨する設定】……45
- 011 設定画面の説明 ………………………………………………… 47
  - ▶データソースを確認 …………………………………………47
  - ▶テーブルの編集権限 …………………………………………48
- 012 データ定義 ……………………………………………………… 52
- 013 実際にDataを設定しよう ……………………………………… 55
  - ▶各カラムの設定 ………………………………………………55
  - ▶プレビューの確認 ……………………………………………58
  - ▶INITIAL VALUEとFORMULA ………………………………59
  - ▶SHOW? …………………………………………………………61
  - ▶EDITABLE? ……………………………………………………62
  - ▶REQUIRE? ……………………………………………………63
  - ▶実際にデータ入力してみる …………………………………64
  - ▶既存レコードの編集 …………………………………………66
  - ▶プレビュー画面からの編集 …………………………………68
  - ▶スプレッドシートの確認 ……………………………………71
- 014 View(データの見せ方)の設定 ………………………………… 73
  - ▶SYSTEM GENERATEDと自作ビューの違い ………………73
  - ▶ビュー設定の事前準備 ………………………………………74
  - ▶Detailビュー(SYSTEM GENERATED内)の設定 …………75
  - ▶Formビュー(SYSTEM GENERATED内)の設定 …………80
  - ▶自作[日報]ビューの設定 ……………………………………84
  - ▶Positionについて ……………………………………………93
  - ONEPOINT スマホ・タブレット専用アプリとブラウザでのメニューの表示位置 …99
- 015 デザインのカスタマイズ ……………………………………… 100
  - ONEPOINT ローカライズ …………………………………… 102
  - ONEPOINT スターティングビュー ………………………… 103
- 016 本章のまとめ …………………………………………………… 104

CONTENTS

■CHAPTER 04
効果的なデータ構造の作り方

- □17 RDBの基本を理解しよう ……………………………………… 106
  - ▶データベース(RDB)とテーブル ……………………………… 106
  - ▶キー(KEY)の役割 ……………………………………………… 107
  - ▶リレーション …………………………………………………… 108
  - ▶1対多リレーション …………………………………………… 108
- □18 アプリの説明 …………………………………………………… 110
  - ▶データソースの作成 …………………………………………… 110
  - **ONEPOINT** デフォルトフォルダパスの変更【※推奨する設定】 …… 113
  - ▶ビュー名の表示 ………………………………………………… 114
- □19 Dataの設定 …………………………………………………… 115
  - ▶必要なテーブルの接続 ………………………………………… 115
  - **ONEPOINT** Warnings found in your appについて …………… 118
  - ▶テーブルの編集権限 …………………………………………… 119
  - ▶データ定義 ……………………………………………………… 120
- □20 Viewの設定 …………………………………………………… 123
  - ▶SYSTEM GENERATED ……………………………………… 124
  - ▶PRIMARY NAVIGATION …………………………………… 128
  - ▶MENU NAVIGATION ………………………………………… 132
  - ▶現在のリレーションを確認する ……………………………… 134
  - ▶参照しているのは、あくまでもキーカラム ………………… 143
  - **ONEPOINT** Is a part ofとは …………………………………… 149
  - ▶実際にデータ登録してみる …………………………………… 149
  - **ONEPOINT** カラムのDisplay Name …………………………… 156
  - ▶複数データを登録する ………………………………………… 157
  - ▶スプレッドシートのデータ確認 ……………………………… 159
  - ▶連鎖削除 ………………………………………………………… 162
  - ▶Refの利用 ……………………………………………………… 164
  - ▶リレーションとは ……………………………………………… 176
  - **ONEPOINT** 間接参照式と逆参照リスト式の構文 ……………… 177
  - **ONEPOINT** テーブル設計のコツ ………………………………… 177
- □21 スライスの活用 ………………………………………………… 178
  - ▶Regenerate structureでカラム情報の再構築 …………… 178
  - ▶バーチャルカラムを作成 ……………………………………… 182
  - ▶スライスの作成 ………………………………………………… 187
  - ▶スライスからビューを作成する ……………………………… 191
  - **ONEPOINT** Display nameの式の結果 ………………………… 198
  - ▶ビューの動作確認 ……………………………………………… 203
  - ▶スライスとSYSTEM GENERATEDの関係 ………………… 205

CONTENTS

022 **Actionを使ってみよう** ……………………………………………………212
　▶アプリの動作確認 ……………………………………………………… 212
　▶Actionとは ……………………………………………………………… 213
　▶Actionの作成 …………………………………………………………… 214
　▶設定したアクションの説明 …………………………………………… 216
　▶アクションをデッキビューに設定する ……………………………… 219
　▶アクションの動作確認 ………………………………………………… 221
　▶フォーマットルールの活用 …………………………………………… 223
　▶担当者一覧でもRefの効果を確認 …………………………………… 228

023 **Automationの活用** …………………………………………………… 231
　▶トリガーで必要な処理を作成 ………………………………………… 231

024 **本章のまとめ** ……………………………………………………………249
　ONEPOINT 本章のYouTube動画 ……………………………………… 249

●おわりに ……………………………………………………………………… 250
●索 引 ………………………………………………………………………… 251

CHAPTER 01
Google AppSheet について

AppSheetの特徴を知るために、ここでは、AppSheetでどんなことができるか、メリットとデメリットなどについて説明します。

SECTION-001

Google AppSheetについて

ここでは、AppSheetが、いかに短時間で柔軟にアプリ開発できるプラットフォームであるかを説明します。

▌AppSheetの歴史

AppSheetは、元々は独立したスタートアップ企業であるAppSheet社が提供するサービスでした。2020年1月、Google社がAppSheet社を買収し、これによりAppSheetはGoogle社のサービスの一部となったのです。そして現在は、Google Workspaceの一部として提供されています。

▌AppSheetの主な特徴

AppSheetは、ノーコード開発プラットフォームです。プログラミングのような特別な知識やスキルの必要がないため、非エンジニアでもアプリを開発することができます。Google社が提供するスプレッドシートやMicrosoft社のExcelなどの身近なデータをデータソースとして使用できるところも魅力です。

日頃、スプレッドシートやExcelなどで管理している表形式のデータがあれば、それをすぐにアプリ化することができます。AppSheetでは、下記のようなアプリを開発することができます。

- 消耗品の在庫管理
- 出退勤管理
- タスク管理
- 営業記録
- 社用車の予約管理

上記のアプリ名を見て、これらの管理を今現在、スプレッドシートやExcelで行っている、といった方もいらっしゃるのではないでしょうか？ AppSheetは、それらのすでに存在するデータをデータソースにしてアプリ化することにより、業務をより効率的に正確に遂行することができます。

■ SECTION-001 ■ Google AppSheetについて

●在庫管理アプリの例① メニュー画面

●在庫管理アプリの例② 消耗品一覧

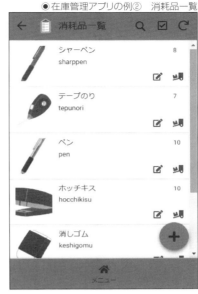

●在庫管理アプリの例③ ユーザー一覧

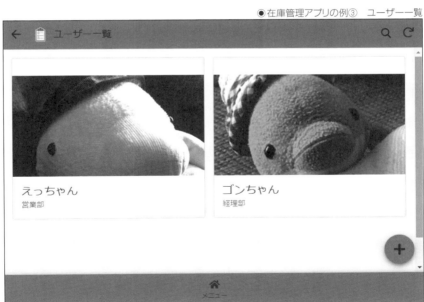

■ SECTION-001 ■ Google AppSheetについて

| ONEPOINT | 複数デバイスに対応できる |

AppSheetは、スマートフォン、タブレット、パソコンなど、あらゆるデバイスに対応しています。複数の端末で利用できるアプリを構築するには、それぞれの端末に適した開発をするのが普通ですが、AppSheetでは各端末に適した開発をする必要はありません。開発者は単一の開発をするだけです。スマホやタブレットでAppSheetを利用する際は、専用のアプリをインストールすれば、デバイスに最適な画面構成を構築してくれます。

●スマホでの見た目

●タブレットでの見た目

■ SECTION-001 ■ Google AppSheetについて

●パソコンブラウザでの見た目

01 Google AppSheetについて

SECTION-002

AppSheetの魅力と可能性

ここでは、AppSheetは、どんなことが得意で、逆にどんなことが苦手なのかを説明します。その中でAppSheetの可能性を感じていただきたいと思います。

▌ AppSheetのメリット

最初にAppSheetのメリットの代表的なところを説明します。

▶ Googleサービスとの連携が容易

Gmail、Googleカレンダー、Googleフォーム、Googleチャット、Googleドライブ、Google Apps Scriptなど、様々なGoogleサービスと連携してアプリを構築することが可能です。

▶ 直感的な操作でアプリ開発が可能

必要なものは、インターネットに接続したブラウザとGoogleアカウントのみ。システム開発における専門知識やプログラミングスキルは不要で、アプリの見た目の構築に関しても、HTML、CSS、JavaScriptなどのフロントエンド言語は一切使用せず、基本的に選択肢から画面デザインを選ぶだけなので、従来の外部委託などに比べ、素早くアプリ開発ができます。

▶ 現場のニーズに合わせて迅速に修正や改善ができる

AppSheetは、完全なアジャイル開発であり、短期間での開発と迅速な現場への導入、そして継続的な改善を可能にするツールです。IT部門だけでなく、現場の業務担当者が直面する課題を素早く解決するのに適したプラットフォームとして注目されています。アプリ開発するために必要なものは、特殊な専門知識よりも、むしろ現場の実務をよく知り、日々その問題点や改善点に対応できる、やる気と根気強さと言えるでしょう。ただし、その問題点をいかにしてアプリで解決していくのかという発想力と論理力（ロジカルシンキング）は必要になりますので、本書でそのヒントを探索していただければ幸いに思います。

▌ AppSheetのデメリット

次にAppSheetのデメリットをご紹介します。

▶ UIのカスタマイズ性が低い

UIや画面のレイアウトに関する柔軟なカスタマイズは、ほとんどできません。AppSheetでは、画面の大きさや表示方法などは、独自にコントロールすることはできず、あらかじめ用意されたものの中から選ぶだけになります。

ただ、これについても、もし自由にカスタマイズできたとしたら、開発者はこの工程に多くの時間を費やすことになります。「短期間での開発と迅速な現場への導入」を考えると、アプリの見た目を「選ぶだけで良い」というのは、逆にメリットかもしれません。

▶開発環境が英語

開発環境については、すべて英語で表示されています。英語に不慣れな開発者は、適宜、翻訳ツールなどを利用して開発する必要があります。

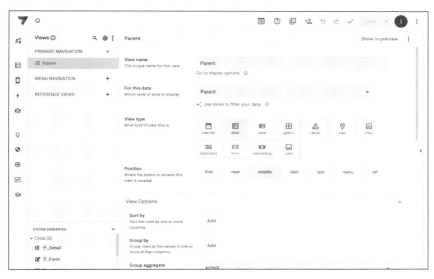

▶大規模開発には不向き

AppSheetは様々なクラウド上のデータをデータソースとして使用することができますが、アプリ開発者は親しみ慣れたGoogleスプレッドシートやMicrosoft Excelをデータソースにすることがほとんどです。これらをデータベースとした時に、あまりにも大規模なシステム開発をすることは避ける方が望ましいと筆者は考えます。

また、基幹システムのようなデータベース設計をするには、相当に高度な知識とスキル、経験値が必要になってきます。例えば、工場の材料発注から納品管理、購入した材料を使用した生産管理、および材料の在庫管理、さらには製品の出荷管理をして、売上管理も…という大企業の基幹システムを想像してみてください。大規模開発であっても、それを吸収できるデータソースとそれに関する高度な知識、そして基幹システムのような複雑なデータベース設計をできるという方でない限り、あまりにも大掛かりなシステム開発は避ける方が良いでしょう。

▶「ノーコード=簡単」ではない

プログラミングのような専門知識は不要ですが、AppSheet特有の仕様を理解することや関数の記法を学ぶこと、そして基本的なデータベースの知識は必要です。業務で使えるレベルのアプリ開発となると、これらの学習を避けて通ることはできません。

本書は入門書ではありますが、「最低でも業務で使えるレベルのアプリ開発ができる知識」を盛り込んで執筆しています。本書を通じて、基礎をしっかり学んでいきましょう。

> **ONEPOINT** CRUDとは
>
> 　CRUDとは、データベースやシステムにおける基本的なデータ操作の4つの機能を表す概念です。CRUDは以下の4つの操作の頭文字を取ったものです。業務アプリでは、基本的にCRUD操作ができれば実現できることに気づかれると思います。AppSheetでは、このようなCRUD操作で実現できる業務アプリを開発するのに最適なツールです。
> - Create(作成)：新しいデータを作成または追加する
> - Read(読み取り)：データを検索して読み取る
> - Update(更新)：既存のデータを変更または更新する
> - Delete(削除)：データを削除する

SECTION-003

AppSheetの価格について

　AppSheetは、プロトタイプ（試作品）として開発中であれば無料で使用することができます。開発期間中であっても、10名（アプリ開発者含む）までであれば、他のユーザーに共有してアプリを使用してもらうこともできます。ただし、一部の機能(外部へのメール送信やプッシュ通知など)に制限があります。これらの機能を使う場合は、アプリをデプロイしなければいけません。アプリのデプロイ後は課金が開始されます。下記はプランの種類と、その特徴です。

プラン	価格/ユーザー数/月額	プラン特徴
Starter	$5/ユーザー/月	基本的なアプリと自動化
Core	$10/ユーザー/月	高度なアプリと自動化、セキュリティ制御、メールベースでのカスタマーサポートあり
Enterprise Plus	$20/ユーザー/月	高度なアプリと自動化、より強力なセキュリティ制御、ガバナンス制御、APIの利用、機械学習の利用、優先顧客サポート

（価格は2024年11月現在のもの）

　AppSheetは本書執筆時点では、Google Workspaceに組み込まれていますので、Google Workspaceを契約している場合は追加料金なしでAppSheetを利用できる可能性があります。料金プランは必要な機能や利用規模によって異なります。アプリの用途や想定ユーザー数を考慮して、最適なプランを選択するようにしましょう。

　有料プランについての詳細は、公式サイトをご確認ください。

　　URL https://about.AppSheet.com/pricing/

CHAPTER 02

AppSheetの利用方法

　ここでは、アプリ開発する環境の説明と必要な準備をします。

SECTION-004

開発の環境構築

　AppSheetはクラウドベースのプラットフォームなので、特別なソフトウェアのインストールは不要です。開発はWebブラウザ上（Google Chrome、Microsoft Edge、Firefox）で実行することができます。本書ではGoogle Chromeを使用して開発を行います。

▌▌▌ アカウント認証システム

　AppSheetでは独自のユーザーアカウントを持たず、他のクラウドサービスの認証システムでログインすることになります。主なアカウント認証システムには、Googleアカウント、Microsoft、Apple、Dropboxなどがあります。本書ではGoogleの無料アカウントを使用してアプリ開発を実行していきます。特別な理由がない限りは、開発者はGoogleアカウントを利用することを推奨します。

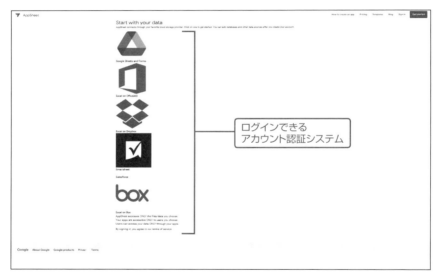

SECTION-005

Googleアカウントの作成

　AppSheetで使用するGoogleアカウントを作成します。すでに、Googleアカウントを用意してある場合はSECTION-006「AppSheetへサインイン」から作業を進めてください。

■ Googleアカウントの作成

　次の手順に従い、Googleアカウントの作成を行ってください。

■1 Googleアカウントの種類の選択

　Webブラウザで、「https://support.google.com/accounts/answer/27441」を入力し、[Enter]キーを押してGoogleアカウントヘルプ[Googleアカウントの作成]を表示します。[Google アカウントの種類を選択する]から[自分用]ボタンをクリックします。

■2 名前の入力

　名前を入力します。入力後、[次へ]ボタンをクリックします。

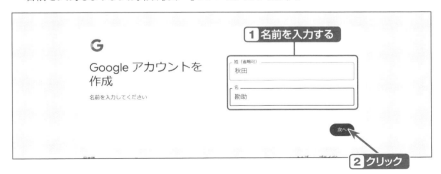

■ SECTION-005 ■ Googleアカウントの作成

3 生年月日と性別の入力

西暦生年月日と性別を入力します。入力後、[次へ]ボタンをクリックします。

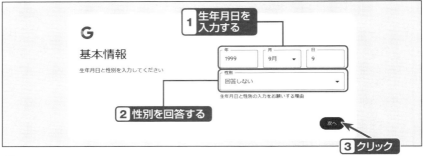

4 Gmailアドレスの入力

作成するGmailアドレスを入力します。入力後、[次へ]ボタンをクリックします。入力したアドレスがすでに使用されている場合はエラーになるので、別のアドレスを入力してください。

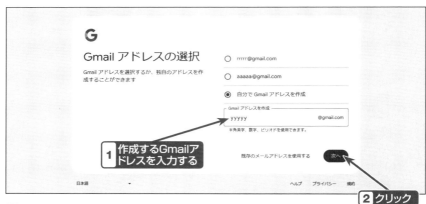

5 パスワードの設定

パスワードを入力します。入力したパスワードの文字列を表示するには[パスワードを表示する]のチェックボックスをオンにします。入力後、[次へ]ボタンをクリックします。

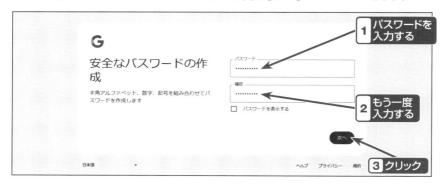

6 再設定用のメールアドレスの入力

再設定用のメールアドレスは後で設定することができます。今回はGoogleアカウントを完成させることを優先するため、[スキップ]ボタンをクリックします。

7 アカウント情報の確認

入力した名前、Gmailアドレスを再確認します。表示されている情報が問題なければ[次へ]ボタンをクリックします。

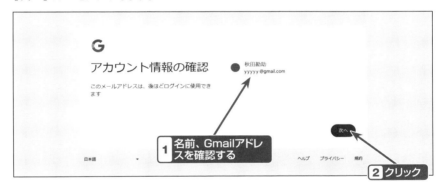

■ SECTION-005 ■ Googleアカウントの作成

8 プライバシーと利用規約の確認、アカウントの作成完了

プライバシーと利用規約をスクロールして、内容を確認します。この内容で良ければ[同意する]ボタンをクリックします。「ようこそ、○○さん」の画面が表示されれば、Googleアカウントは作成完了です。

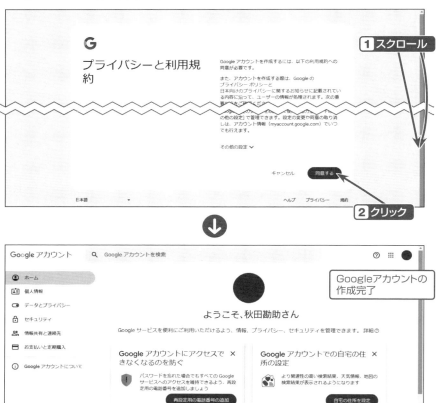

■ SECTION-005 ■ Googleアカウントの作成

ONEPOINT 言語の設定

　アカウント登録後、ホーム画面が英語などの日本語以外で表示されている場合や日本語以外の表示に変更したい場合は、Googleアカウント画面から[個人情報]をクリックして開き、[言語]をクリックします。優先言語欄の右側にある⊘をクリックし表示させたい言語を選択し、[保存]ボタンをクリックすると言語が変更されます。

SECTION-006

AppSheetへサインイン

Googleアカウントの準備ができたら、AppSheetへサインインします。

▍AppSheetサイトへのサインイン手順

次の手順に従い、AppSheetへサインインしてください。

1 AppSheet公式サイトへアクセス

ブラウザを開き、公式サイトのAppSheetページ（https://cloud.google.com/appsheet?hl=ja）へアクセスします。アクセス後、AppSheetページ内にある[無料トライアル]ボタンをクリックします。

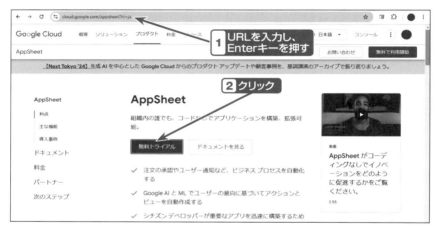

2 認証プロバイダの選択

次にログインをするクラウドサービスの認証プロバイダを選択します。本書では、Googleアカウントを使用してアプリ開発を進めるため、[Google Sheets and Forms]をクリックします。

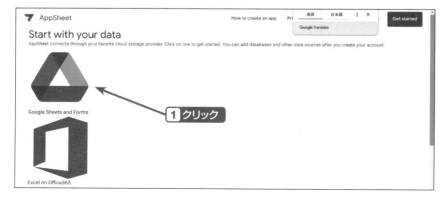

3 Googleアカウントの選択

作成した開発用のアカウントであることを確認して、アカウントをクリックします。

4 プライバシーポリシーと利用規約の確認

プライバシーポリシーと利用規約を確認し、[次へ]ボタンをクリックします。

■ SECTION-006 ■ AppSheetへサインイン

5 アクセス権の確認

　AppSheetがログインをするGoogleアカウントの情報へアクセスしても良いか、確認されます。詳細を確認し、チェックを入れ[続行]ボタンをクリックします。クリック後、AppSheetのホーム画面が表示されたら、サインイン完了です。

HINT
アクセス権の確認、削除の設定は、Googleアカウントでいつでも変更できます。

SECTION-007

AppSheetアプリのインストール方法

　AppSheetは、AndroidまたはiOSのスマートフォンやタブレットの専用アプリで利用することができます。ここからは、スマートフォンやタブレットでアプリを利用するために、専用アプリのインストール方法を説明します。ここではiPhone(iOS)の画面で進めますが、手順はAndroidも同じです。

▍端末へのアプリのインストール手順

　次の手順に従い、アプリをインストールしてください。

1 専用アプリを端末にインストール

　お使いのスマートフォンやタブレットで、アプリストア(App StoreまたはGoogle Play)を開き、「AppSheet」などで検索します。検索結果にAppSheetが表示されたら、[入手]ボタンをタップし、インストールします。端末にアプリをインストールできたら、[開く]ボタンをタップし起動します。

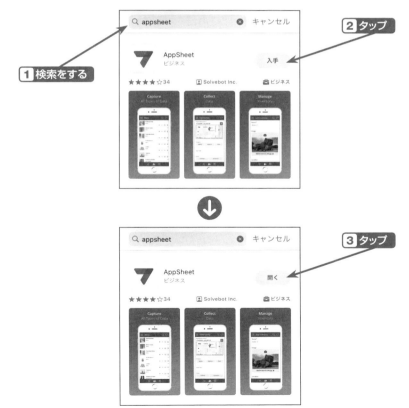

■ SECTION-007 ■ AppSheetアプリのインストール方法

2 認証するプロバイダを選択

図の画面が表示されたら、認証するプロバイダを選択します。ここでは[Google]を選択します。

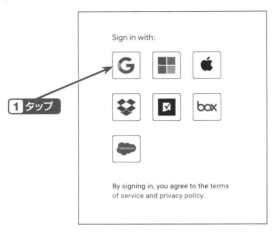

3 メールアドレスの入力

登録したGoogleアカウントのメールアドレスを入力して、[次へ]ボタンをタップします。

■ SECTION-007 ■ AppSheetアプリのインストール方法

4 パスワードの入力

パスワードを入力して、[次へ]ボタンをタップします。

5 2段階認証の確認

2段階認証プロセスが表示されたら、表示されているメールアドレスに通知が届きます。Gmailのメールフォルダを開くと許可の通知が表示されますので、表示されたメッセージに対して許可してください。

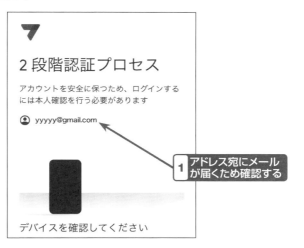

■ SECTION-007 ■ AppSheetアプリのインストール方法

6 メニューの表示方法

2段階認証が完了すると、最初に[Shared with me]の画面が表示されます。すでに他者から共有されているアプリがあれば、ここに表示されています。左上のハンバーガーメニューをタップし、メニューを開きます。

7 Owned by meの表示

表示されたメニューから[Owned by me]をタップします。[Owned by me]が表示されます。AppSheetで作成したアプリは、ここに表示されることになります。

これで、AppSheetアプリの準備は完了です。

■ SECTION-007 ■ AppSheetアプリのインストール方法

[Owned by me]
が表示される

CHAPTER 03

簡単なアプリを作成してみよう

実際のアプリ開発を通じて、AppSheetの理解を深めていきましょう。本章では、「日報アプリ」を作成します。

SECTION-008

アプリの開発

　ここからは、簡単なアプリを作成して、基本的なアプリ開発の操作を体験してみましょう。ここでは「日報アプリ」を作成します。

▌日報アプリの特徴

　ここで作成する「日報アプリ」は、例えば、営業活動における日々のメモや、顧客管理における日々の業務連絡などをイメージしていただくとよいと思います。ここで、作成する日報アプリの特徴を示します。

- アプリ名：日報
- テーブル数：1（1枚のシートだけでアプリを作成します）
- アプリの機能：業務日報の記録

▌データとAppSheetの接続

　AppSheetは、クラウド上のデータソースと接続することから開発がスタートします。接続できるデータソースには、様々なものがあります。

- Googleスプレッドシート
- AppSheetデータベース
- Googleフォーム
- Googleカレンダー
- Microsoft Excel
- Dropbox

　ほかにも接続できるデータソースは数種類あり、その中でGoogleスプレッドシートは、無料で使用でき、最もAppSheetと親和性が高いデータソースとなります。

●AppSheetと接続できるデータソースの例

SECTION-009

スプレッドシートとAppSheetを接続する

ここではGoogleスプレッドシートとAppSheetを接続する場合の代表的な方法を2つ紹介します。

▌ スプレッドシートの準備

まずは、データソースとなるスプレッドシートを作成しておく必要があります。

1 Googleドライブへアクセス

AppSheet開発用のGoogleアカウントで、Googleドライブ（https://drive.google.com/drive/my-drive）にアクセスし、[＋新規]ボタンをクリックします。

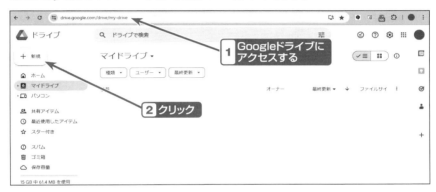

2 AppSheetの専用フォルダを作成

[新しいフォルダ]をクリックし、[マイドライブ]→[AppSheet]→[data]の階層になるようにマイドライブ内にフォルダを作成します。[AppSheet]フォルダ、その中に[data]フォルダをそれぞれ作成します。

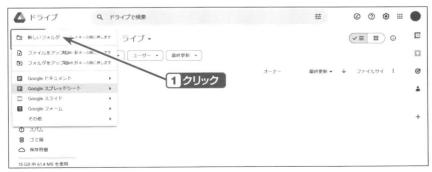

■ SECTION-C09 ■ スプレッドシートとAppSheetを接続する

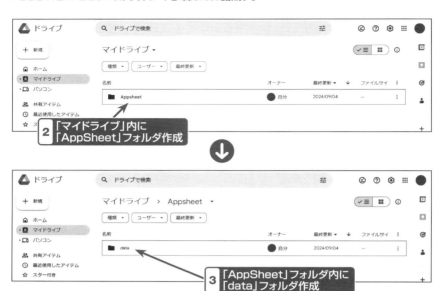

3 各アプリの専用フォルダを作成

同じ手順で、作成した[data]フォルダ内で、さらに「日報」というフォルダを作成してください。

4 新規のスプレッドシートの作成

作成した[日報]フォルダ内で、さらに[+新規]ボタンをクリックします。[Googleスプレッドシート]をクリックしてスプレッドシートを起動します。

■ SECTION-009 ■ スプレッドシートとAppSheetを接続する

5 スプレッドシートの編集

作成された無題のスプレッドシートに、次の内容を入力します。内容保存後、[マイドライブ]→[AppSheet]→[data]→[日報]の階下には、[日報]というスプレッドシートが1つだけある状態になっているはずです。

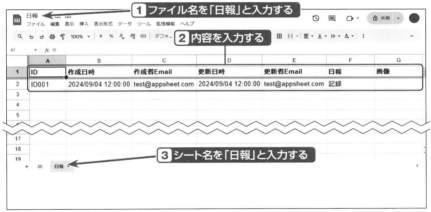

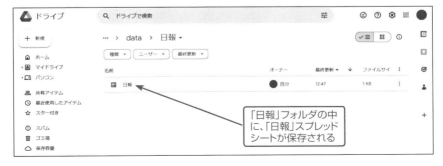

39

■ SECTION-C09 ■ スプレッドシートとAppSheetを接続する

> **HINT**
> AppSheetに取り込み後、アプリエラーなどを防ぐため、次のルールを守り、入力を行ってください。
> - 1行目は必ず列項目を示す
> - 1行目の列項目に空欄を作らない。すべての列項目を左詰めで入力する
> - 最終列以降（画像の例なら、G列より右の列）に無関係な入力をしない
>   ※アプリエラーの原因になります。
> - セルの結合をしない

> **HINT**
> スプレッドシートの保存場所については、必ずしも「マイドライブ＞AppSheet＞data＞該当アプリ名のフォルダ」である必要はありませんが、特別な事情が無い限りこの命名規則で作成したフォルダの階下にスプレッドシートを保存することを推奨します。こうしておく方が、アプリ開発をスムーズに進めることができるためです。詳細な理由は、SECTION-010 ONEPOINT「デフォルトフォルダパスの変更」でくわしく説明します。

▌▌▌ AppSheetサイトからスプレッドシートに接続する方法

ここからはAppSheetサイトからスプレッドシートに接続する方法を説明します。

❶ AppSheetサイトへアクセス

該当のGoogleアカウントでAppSheet（https://www.appsheet.com/home/apps）にアクセスします。

■ SECTION-009 ■ スプレッドシートとAppSheetを接続する

2 既存データからアプリを作成する

[+Create]ボタンから、[App]→[Start with existing data]をクリックします。

3 アプリ名を付ける

次の画面が表示されたら、[App name]に「日報」と入力し、[Category]は空欄のまま[Choose your data]ボタンをクリックします。

4 データソースの選択

データソースは[Google Sheets]をクリックし、選択します。

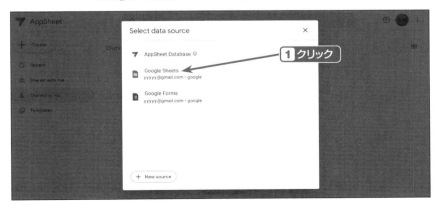

■ SECTION-009 ■ スプレッドシートとAppSheetを接続する

5 該当のスプレッドシートの選択

マイドライブと接続された画面が表示されるので、ここで[マイドライブ]→[AppSheet]→[data]→[日報]フォルダ内にある[日報]スプレッドシートをクリックして選択し、[Select]ボタンをクリックします。

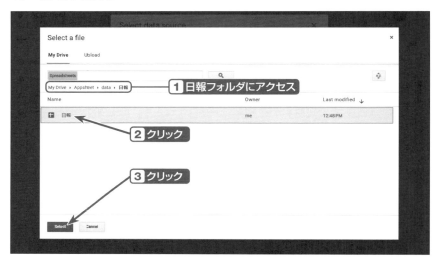

6 確認画面の表示

このような画面になったら、スプレッドシートとの接続成功です。「Your 日報 app is ready!」の画面は右上の[×]で閉じてください。

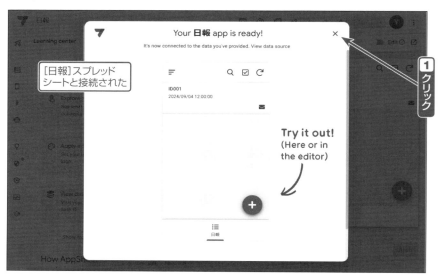

42

■ スプレッドシートの拡張機能から接続する方法

　AppSheetサイトから、データソースに接続する方法の他に、スプレッドシートに関しては拡張機能を利用してAppSheetに接続する方法があります。スプレッドシートをデータソースにしてアプリ開発することが多い場合は、こちらの方法がより便利だと思います。

　[マイドライブ]→[AppSheet]→[data]→[日報]フォルダ内の[日報]スプレッドシートを開き、図の通り、[拡張機能]から[AppSheet]→[アプリを作成]をクリックします。スプレッドシートの読み込みが始まり、アプリが新規作成されます。

> **HINT**
> すでに、こちらのスプレッドシートを元にアプリが作成されている場合は、作成済みのアプリにアクセスされます。

SECTION-010

インターフェースを知ろう

　AppSheetの開発エディタ画面を説明します。開発エディタ画面の構造は、下図のようになっています。

ナビゲーションバー　　　　メイン画面　　　　プレビュー画面

▶ ナビゲーションバー

　ナビゲーションバーは、カスタマイズする必要がある各セクションになっています。

項目	説明
Data	接続するデータソース、編集権限、カラムの設定など
App	データ表示方法などの設定。「Views」と「Format rules」
Actions	ビューの移動、データ変更、外部リンクを開くなどのボタンを作成できる
Automation	条件によって自動化プロセスを設定できる
Intelligence	予測、光学式文字認識などの機械学習をアプリに組み込むことができる
Security	アプリのセキュリティ要件を定義する
Settings	アプリデザイン、パフォーマンス、ローカライズなどの設定を構成する
Manage	アプリのバージョン管理、使用状況やパフォーマンスのモニタリングなど
Learn	アプリを作成し、管理するためのサポートを提供

■ SECTION-010 ■ インターフェースを知ろう

▶ メイン画面

ナビゲーションバーによって選択されたセクションによって、それに属する設定内容が表示されます。

▶ プレビュー画面

プレビュー画面があることで、現在の実装しているアプリの挙動を即座に確認することができます。また、スマホ、タブレット、パソコンの場合で、見た目や挙動もボタン1つで簡単に変更し、確認することができます。プレビュー画面下部の[Preview app as]では、他のユーザーがログインした時の挙動も容易にシミュレートできる機能が備わっています。

HINT
プレビュー画面は、メイン画面とプレビュー画面の間の[▶]をクリックすると、表示・非表示にできます。

ONEPOINT　デフォルトフォルダパスの変更【※推奨する設定】

ここで説明するデフォルトフォルダパスは、必ずしも変更しなければいけないというルールはありませんが、特別な理由がない限りは、アプリを作成したら、次に示すルールに従って変更していただくことを推奨します。

❶ Default app folderの確認

[Settings]から[Information]に進み、[App Properties]内にある[Default app folder]の値を確認してください。「/AppSheet/data/日報-XXXXXXXXX」と表示されているはずです（Xは数字でアプリ開発者のIDを表します）。AppSheetには、PDFやExcelなどのファイルを作成する機能がありますが、これを利用して作成されるファイル類は、[Default app folder]で指定されたフォルダ内に格納されることになっています。

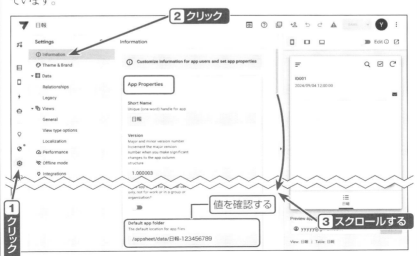

❷ Default app folderの変更

ID部分を削除して、「**/AppSheet/data/日報**」とし、[SAVE]ボタンをクリックします。

このパスは、データソースであるスプレッドシートがある階層を示していることがわかるでしょう。こうしておくことで、AppSheet機能でファイルを作成した時に、スプレッドシートがあるフォルダ内に格納されることになります。このようなルールにしておく方がファイルやデータの管理がスムーズになりますので、このように設定変更することを推奨します。

SECTION-011

設定画面の説明

　[Data]セクションに移ります。[Data]をクリックしてセクションを開くと、今の段階では[日報]という項目だけが表示されているはずです。この[Data]セクションに表示される1つ1つの項目を、「テーブル」と言います。

■ データソースを確認

　[View data source]をクリックすると、この[Data]の元になっているスプレッドシートの[日報]シートが開きます。スプレッドシートからアプリを作成した際は、スプレッドシート内の「1つのシート」が、アプリ内の「1つのテーブル」に相当します。

■ SECTION-011 ■ 設定画面の説明

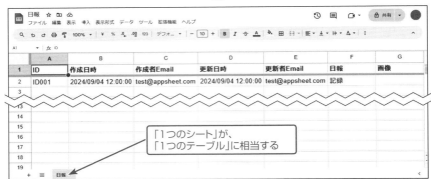

▌テーブルの編集権限

　テーブルの編集権限の確認をします。[Table settings]をクリックすると、図のような画面が表示されます。[Are updates allowed?]の項目は「日報」テーブルに対する編集権限を表します。ここまで本書と同じようにアプリを作成していれば、[Updates]、[Adds]、[Deletes]にチェックマークが入り、編集権限が許可された状態になっているはずです。

- Updates …レコードの更新
- Adds …レコードの追加
- Deletes …レコードの削除
- Read-Only …データ閲覧のみ（レコードの更新・追加・削除は不可）

　[日報]テーブルでは、すべての編集操作を許可します。許可されていない場合はすべての編集権限をONの状態にしましょう。

■ SECTION-011 ■ 設定画面の説明

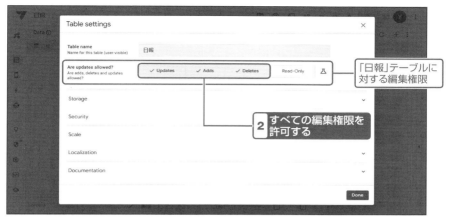

次に、編集権限以外の設定を確認します。各設定の[∨]マークをクリックし、設定を展開します。

▶Storage

このテーブルの元となっているデータソースの情報が記載されています。接続されたスプレッドシート名やシート名などの情報が確認できます。

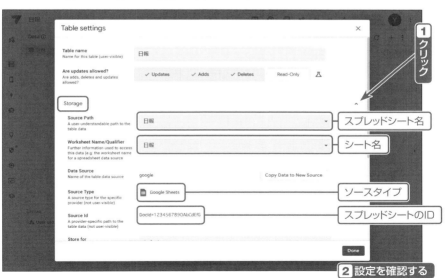

■ SECTION-011 ■ 設定画面の説明

▶Security

データ保護のために使用します。デフォルトの設定のままにしておいてください。

▶Scale

データ量が多量になった際に使用する機能です。デフォルトの設定のままにしておいてください。

■ SECTION-011 ■ 設定画面の説明

▶Localization

データのロケールを指定します。図のように「Japanese (Japan)」が設定されていれば問題ありません。

▶Documentation

必要に応じて、テーブルに関するコメントを記述することができます。

それぞれ確認できたら、[Table settings]の画面は[Done]ボタンをクリックして閉じてください。

SECTION-012

データ定義

　データ定義は、アプリ開発の中でも最も重要な設定になります。まずは、現在のアプリデータの設定の状態を確認しておきましょう。すべての設定項目は、1つの画面内に収まりませんので、横スクロールバーを移動して、全体を確認してください。
　ここには重要な項目があるので、重点的なものを1つずつ説明していきます。

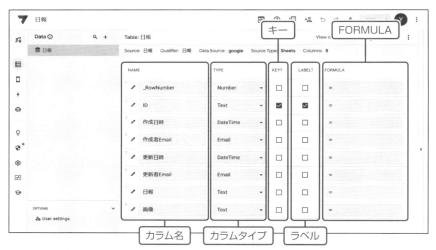

▶カラム名(NAME)

　表示されている名称が、[日報]シートの1行目に記した列項目と一致している通り、これは列項目の名称を表します。列項目を「カラム」と言います。以降、列項目を「カラム」と表現します。

▶カラムタイプ(TYPE)

　データの種類のことです。「データ型」とも言います。テーブルの各カラムに入るデータはあらかじめ、この「データの種類」を決める必要があります。テーブルに入力するデータには厳密なルールがあり、例えば、数値とテキストを同じカラムに入力することはできません。AppSheetのカラムタイプには、[Number]、[Text]、[Email、][Phone]など様々なデータ型が用意されています。

▶キー(KEY?)

　テーブル内レコードを一意に識別する役割を持つカラムを設定します。非常に重要な内容であるため、次章で詳細に解説します。
例）
- 社員一覧テーブル：社員番号
- 商品一覧テーブル：商品番号

▶ラベル(LABEL?)

そのテーブルの中で代表的な値を示すカラムです。ラベルには、各テーブルの中から画像タイプのカラムから1つ、画像タイプ以外のカラムから1つ設定することができます。

例をあげるなら、社員一覧テーブルであれば、「社員番号」をキーに設定しますが、「氏名」をラベルに設定するように、ラベルには人間が普段親しみなれた値が入ったカラムを指定するのが一般的です。

▶FORMULA

ここにはAppSheetの関数を記述できます。AppSheetの関数については、アプリ開発する過程で説明します。

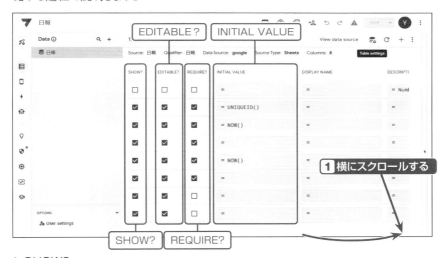

▶SHOW?

該当カラムをアプリ内で閲覧可能にするかを制御します。ONとOFFだけでなく、条件式によって動的に制御することもできます。

▶EDITABLE?

該当カラムをアプリ内で編集可能にするかを制御します。ONとOFFだけでなく、条件式によって動的に制御することもできます。

▶REQUIRE?

該当カラムをアプリ内で入力を必須にするかを制御します。ONとOFFだけでなく、条件式によって動的に制御することもできます。

▶INITIAL VALUE

新規レコード登録時に、初期値として自動的に入力される項目です。ここにAppSheetの関数を入力するのが一般的な使い方です。[INITIAL VALUE]でよく使われる関数としては、「TODAY()」… 今日の日付、「USEREMAIL()」… ログイン者のEメールなどがあります。

■ SECTION-012 ■ データ定義

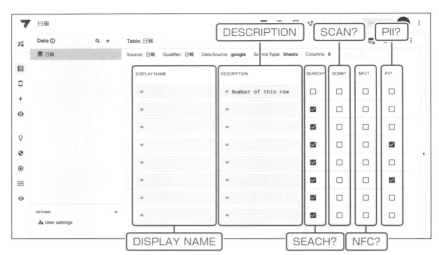

▶ DISPLAY NAME

アプリ内でカラム名（NAME）の代わりに表示する名前です。本章では特に設定しません。

▶ DESCRIPTION

このカラムについての説明を記述できます。ここでの説明文は、[Form]ビューで表示されます。

▶ SEARCH?

チェックをつけると、このカラムの値でレコードを検索することが可能になります。この項目をONにしておくためには、[SHOW?]についてもONにしておく必要があります。

▶ SCAN?

チェックをつけると、バーコードやQRコードの読み取りが可能になります。

▶ NFC?

チェックをつけると、NFC経由でデータ読み取りが可能になります。

▶ PII?

チェックをつけると、対象カラムのデータは機密情報の扱いになり、システムログなどに記録されません。

SECTION-013

実際にDataを設定しよう

　ここで実際にアプリ開発をしながら、手を動かし体験していくことで、ここまでの「言葉の説明」の理解が深まるはずです。

▌各カラムの設定

　各カラムを図のように設定します。[FORMULA]と[INITIAL VALUE]は、欄をクリックすると式アシスタント(Expression Assistant)が起動するので、そこに式を入力します。表から式を確認し、入力してください。

■1 [NAME]、[TYPE]、[KEY?]、[LABEL?]、[FORMULA]の設定

　各カラムを次の図のように設定します。[FORMULA]は、下の表から式を確認し、入力してください。

● [FORMULA]に入力する式

カラム名	[FORMULA]に入力する式
更新日時	NOW()
更新者Email	USEREMAIL()

■ SECTION-013 ■ 実際にDataを設定しよう

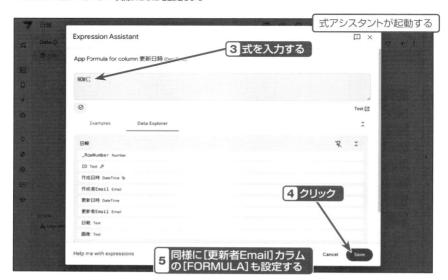

2 [SHOW?]、[EDITABLE?]、[REQUIRE?]、[INITIAL VALUE]の設定

横にスクロールし、各カラムを次の図のように設定します。[INITIAL VALUE]も[FORMULA]同様に式アシスタントに式を入力します。下の表から式を確認し、入力してください。

● [INITIAL VALUE]に入力する式

カラム名	[INITIAL VALUE]に入力する式
ID	UNIQUEID()
作成日時	NOW()
作成者Email	USEREMAIL()

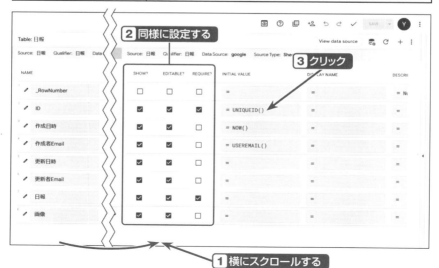

■ SECTION-013 ■ 実際にDataを設定しよう

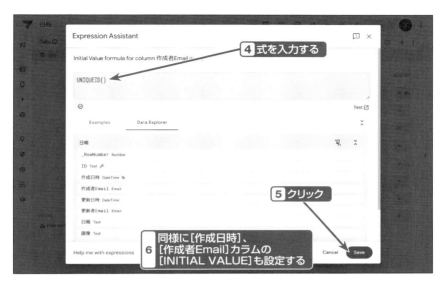

3 設定の保存

[DISPLAY NAME]以降の項目は、標準の設定のまま変更はありません。最後に[SAVE]ボタンをクリックし保存してください。

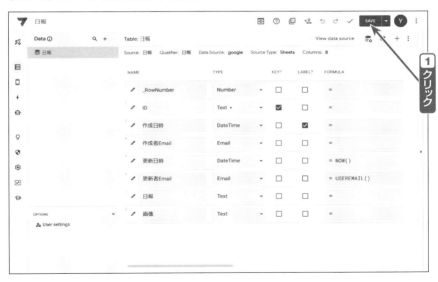

> **HINT**
> AppSheetの式エディタで記述する式は、大文字と小文字の区別はありません。本書では、大文字で統一することにします。

■ SECTION-013 ■ 実際にDataを設定しよう

プレビューの確認

　設定後、一度[▶]をクリックして、プレビュー画面を確認してください。このプレビュー画面の表示は、本書と少し違っているかもしれませんが、現時点ではあまり気にしないでください。この画面の編集方法については、SECTION-014「View（データの見せ方）の設定」で解説します。プレビュー画面を表示したら、[+]ボタンをクリックしてください。すると、図のようなフォーム入力画面が表示されます。先ほど設定した内容と、このフォーム画面の表示内容を突き合わせて確認してみましょう。

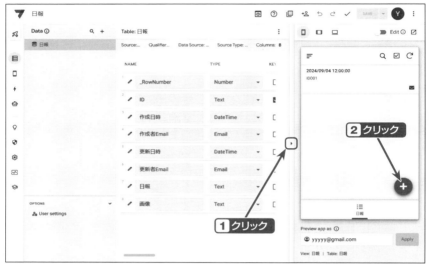

INITIAL VALUEとFORMULA

プレビュー画面の[ID]カラムには英数字が表示されているはずです。皆さんの環境と本書の図は、同じ値にはなっていないと思います。この[ID]カラムの[INITIAL VALUE]には、「`UNIQUEID()`」という関数を仕込んでいました。この関数は、8文字のランダムな英数字を生成します。前述で、テーブルの「キーカラムの値は、一意の値でなければいけない」と説明しました。UNIQUEID関数が生成する結果は、他と重複しない（厳密には重複する可能性が極めて低い）値を自動的に生成してくれるので、キーに設定したカラムでIDなどを自動生成する際によく利用されます。

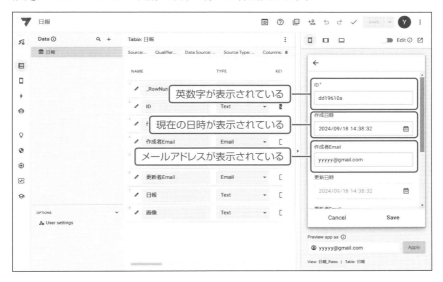

[作成日時]には、現在の日時が自動入力されているはずです。このカラムの[INITIAL VALUE]には、「`NOW()`」と入力していました。NOW関数では、現在の日時を自動で取得することができます。

また、[作成者Email]カラムには、皆さんのメールアドレスが自動入力されているはずです。このカラムの[INITIAL VALUE]には、「`USEREMAIL()`」と入力していました。USEREMAIL関数では、現在ログイン中のユーザーのメールアドレスを自動取得することができます。

■ SECTION-013 ■ 実際にDataを設定しよう

　続いて、［更新日時］カラムを見てみましょう。手順通り、［+］ボタンをクリックして新規フォームを起動しただけであれば、ここには［作成日時］カラムと同じ日時が出力されているはずです。ここまで説明してきた［ID］、［作成日時］、［作成者Email］のカラムとは違い、ここで出力された値は書き換えることができません。

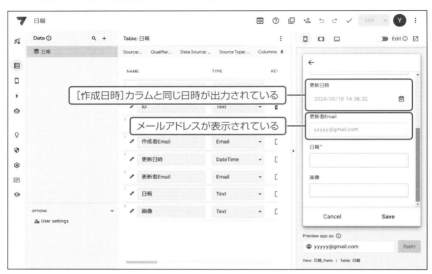

　この［更新日時］カラムの［FORMULA］には、「NOW()」と入力していました。［FORMULA］とは、数式のことです。例えばExcelを使用する際に特定のセルに数式を仕込んで自動計算させたりしますが、他のユーザーにその数式を勝手に消されたりすると非常に困りますよね。このように、データの新規登録および編集時に結果を再評価（再計算）する必要があり、なおかつ、計算結果を変更できないというのが［FORMULA］の特徴です。［INITIAL VALUE］とは、全く異なる働きをするものですので、その違いを押さえておきましょう。

> **HINT**
> ［INITIAL VALUE］でも、［EDITABLE?］をFALSE、［Reset on Edit］をONにすることで、［FORMULA］に近い挙動を実現することは可能ですが、本書ではこちらについては解説しません。筆者はYoutubeチャンネルを運営しており、そちらでくわしく解説をしています。ご覧になっていただくと、より理解を深めることができます。
> - 【Appsheet】Reset on edit
>   URL https://youtu.be/x2y2cXw61ok

　最後に、［更新者Email］を見てみましょう。ここにも皆さんのメールアドレスが出力されており、書き換えできない状態になっているはずです。この挙動については、ここまでの説明で網羅できていると思いますので、省略します。

60

SHOW?

今回、[SHOW?]については、[_RowNumber]カラムを除いて、すべてのカラムにチェックを入れました。ここで試しに、[ID]の[SHOW?]のチェックを外して、再度フォーム画面を見てみてください。画面から[ID]カラムが非表示になったことが確認できるはずです。

この挙動の通り、[SHOW?]をOFFにすると、アプリ内のすべてのビューで該当のカラムが非表示になります。[ID]カラムの[SHOW?]には、再びチェックをつけておいて表示される状態にしてください。

■ SECTION-013 ■ 実際にDataを設定しよう

▌EDITABLE?

　[EDITABLE?]についても、[_RowNumber]カラムを除いて、すべてのカラムにチェックを入れました。ここで[作成日時]カラムと[作成者Email]カラムの[EDITABLE?]のチェックを外して、再度フォーム画面を見てみてください。画面から[作成日時]カラムと[作成者Email]カラムが編集不可になったことが確認できるはずです。

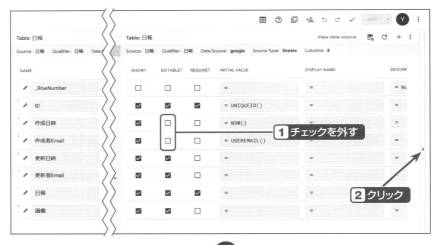

SECTION-013 ■ 実際にDataを設定しよう

　この通り、[EDITABLE?]をOFFにすると、該当のカラムを編集することができなくなります。[EDITABLE?]がONの状態では、[INITIAL VALUE]で出力された値を、ユーザーが故意に変更することができますが、これで初期値を変更することができなくなりました。

　[作成日時]カラムと[作成者Email]カラムの[EDITABLE?]のチェックは、このまま外した状態で[SAVE]ボタンをクリックしましょう。ユーザーに故意に変更して欲しくない項目ですので、このようにして対策しておきます。これは、最初に新規登録したユーザーとその日時を改ざんされないようにするためです。

> **HINT**
> キーに設定しているカラム(本書の場合は[ID])は、[EDITABLE?]をOFFにすることはできません。しかし、一度登録したキーカラムの値を後から変更することもできません。

III REQUIRE?

　[REQUIRE?]がONのカラムでは、入力が必須になります。したがって、[REQUIRE?]がONのカラムを空欄の状態で保存することはできません。[ID]カラムと[日報]カラムについては、[REQUIRE?]をONにしていました。フォーム画面を確認してみると、これら2つのカラムには、[*]マークがついていることが確認できます。これは入力が必須であることを示すマークです。

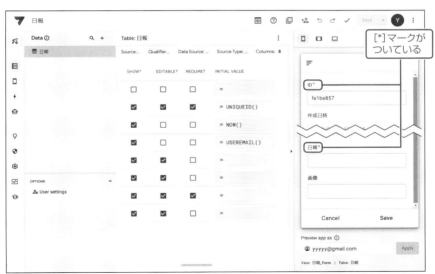

> **HINT**
> キーに設定しているカラム(本書の場合は[ID]カラム)は、[REQUIRE?]をOFFにすることはできません。キーは、そのテーブルの中で必ず必要になる項目だからです。

■ SECTION-013 ■ 実際にDataを設定しよう

実際にデータ入力してみる

ここからは、実際にデータを入力してみましょう。現在フォーム画面が開いている場合は、一度[Cancel]をクリックし、[日報]ビューが表示された状態にします。

1 新規フォームの起動

フォーム画面の[+]ボタンをクリックして、データを新規登録します。

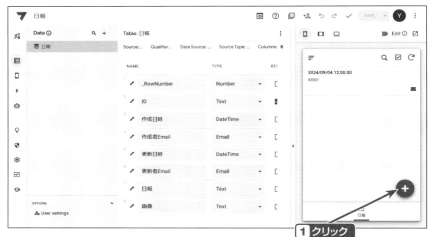

2 新規レコードの入力

[ID]は初期値が自動入力されるので、何も変更しません。[作成日時]、[作成者Email]、[更新日時]、[更新者Email]は編集不可ですので、そのままにします。[日報]と[画像]には、画像と同じように入力します。設定後、[Save]をクリックすると、[日報]ビューに画面遷移します。先ほど新規登録したデータが2段目に表示されています。

■ SECTION-013 ■ 実際にDataを設定しよう

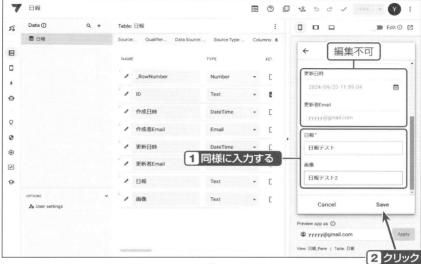

■ SECTION-013 ■ 実際にDataを設定しよう

4 スプレッドシートへの反映

ここで、[日報]スプレッドシートを確認してみましょう。3行目に、先ほどアプリから新規登録したデータが入力されているはずです。

このようにして、アプリから登録したデータが、データソースであるスプレッドシートに自動で追加されることになります。

■ 既存レコードの編集

次は、登録したデータを編集してみましょう。その前に、少しカラム設定を変更しておきます。

現在、[日報]、[画像]カラムの[TYPE]は[Text]になっています。このタイプでは、「改行なし、文字列の直接入力」が可能です。

1 カラムタイプの変更

[日報]カラムの[TYPE]は[LongText]、[画像]カラムの[TYPE]はを[Image]に変更して、[SAVE]ボタンをクリックします。[LongText]タイプでは、「改行あり、文字列の直接入力」が可能になり、[Image]タイプでは、画像ファイルのアップロードが可能になります。

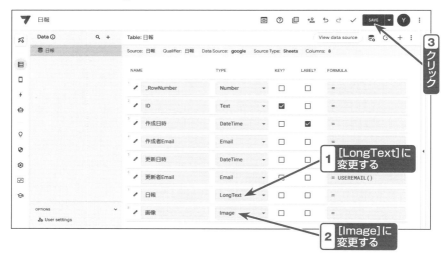

66

■ SECTION-013 ■ 実際にDataを設定しよう

2 編集フォームの起動

プレビュー画面を表示すると、[日報]ビューでは、先ほど登録したデータのところに[▲]（注意マーク）が表示されているかもしれません。現時点では、これを気にせず、2段目のレコードをクリックしてください。図のような画面が表示されますので、ここからさらに、[Edit]ボタンをクリックしてください。すると、編集ができる画面に切り替わります。

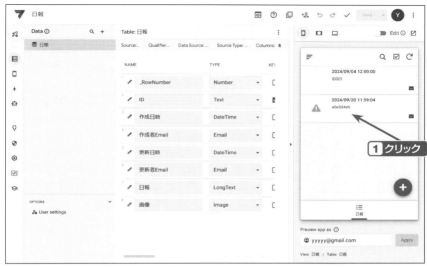

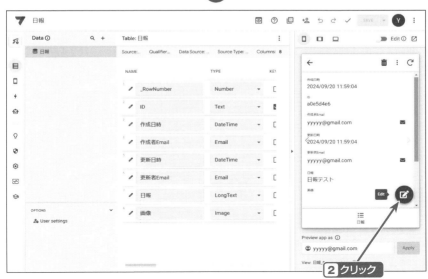

■ SECTION-C13 ■ 実際にDataを設定しよう

プレビュー画面からの編集

表示されたプレビュー画面の内容を注意深く見てください。

- [作成日時] … 新規登録時から変化なし
- [更新日時] … 新規登録時の値ではなく、現在の日時が表示されている

この2点にお気づきでしょうか。この2つのカラムには、「NOW()」という関数を仕込んでいました。しかし、[作成日時]は[INITIAL VALUE]、[更新日時]は[FORMULA]に式を入力していました。

このように、[INITIAL VALUE]で設定した値は、レコード編集時に値が変化することはありません。一方で[FORMULA]に設定された式は、該当のレコードを編集の度に式が再評価されます。つまり、フォームを起動するごとに、式が再計算され、その結果が返されます。

> HINT
> ただし、[INITIAL VALUE]で設定した値も[Reset on Edit]をONにすることにより、編集時に式の結果を再評価(再計算)させる方法もあります。こちらについては、本書では解説しません。

▶ [作成者Email]と[更新者Email]

ここで、[作成者Email]と[更新者Email]では、自分自身のメールアドレスが表示されているはずですが、これについても、前文で説明した内容と同じ理屈で挙動しますので、もし編集時に、該当のレコードを自分以外のユーザーが編集した場合は、[更新者Email]は、編集時のユーザーのメールアドレスに更新されます。

▶ [日報]

次に注意を払う点は、[日報]です。[日報]ですが、先ほどと何も変化が無いように見えます。そこで、図のように[日報]に改行を入れて、複数行入力してみてください。「既存レコードの編集 ❶カラムタイプの変更」にてカラムタイプを[Text]から[LongText]に変更しました。[LongText]では、このように改行して入力することが可能になります。

▶ [画像]

次に、[画像]です。これは明らかに見た目が変わりました。先ほどカラムタイプを[Text]から[Image]に変更しました。[Image]では、画像情報を登録することができます。

■ 画像のアップロード

[画像]のカメラマークをクリックします。カメラ付きのスマホやタブレットの専用アプリでこの操作をした場合は、そのまま写真を撮影してアップロードすることもできます。

■ SECTION-013 ■ 実際にDataを設定しよう

2 既存の画像ファイルのアップロード

　画像ファイルを選択するためのダイヤログボックスが開かれます。適当な画像ファイルをクリックして選択し、[開く]ボタンをクリックします。そして[Save]をクリックすると、選択した画像が登録されます。

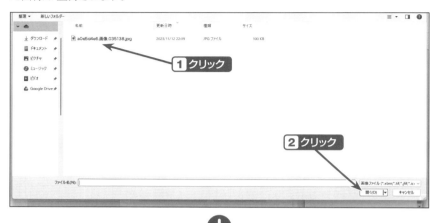

■ SECTION-013 ■ 実際にDataを設定しよう

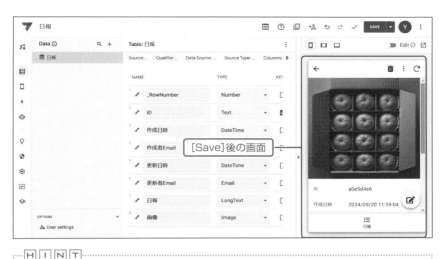

[Save]後の画面

·······H|I|N|T···
右上にオレンジ色の「1」が数秒表示されますが、これが表示されている間は、「アプリ
とデータソースを同期中」という意味です。

▌▌▌スプレッドシートの確認

再度、[日報]スプレッドシートの状態を確認しましょう。[更新日時]がフォーム編集時の日時に更新され、[日報]が編集した内容に更新されました。[画像]には、「日報_Images/IDと同じ文字列.画像.XXX….jpg」(Xは数字)と表示されました。

編集した内容に更新された

■ SECTION-013 ■ 実際にDataを設定しよう

次に、Googleドライブのこのスプレッドシートがある[日報]フォルダを確認してみてください。そこに、[日報_Images]というフォルダが自動生成されており、その中に先ほどアップした画像ファイルが格納されているはずです。このように、アプリから取得した画像ファイルは自動的にGoogleドライブ内に保存されます。

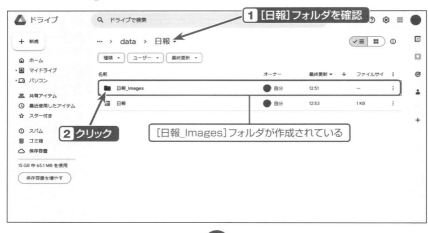

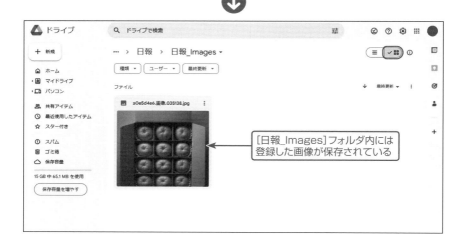

SECTION-014

View(データの見せ方)の設定

　次はView(以降ビュー)の設定に移ります。ビューとは、データの見せ方を設定するところです。ビューの元となるデータには、テーブルまたはスライス(CHAPTER-04で説明)を1つだけ設定することができます。

　それでは、まず左サイドに表示されている[Views]セクションをクリックし表示します。[PRIMARY NAVIGATION]、[MENU NAVIGATION]、[REFERENCE VIEWS]、そしてさらに下の[SYSTEM GENERATED]というカテゴリに分かれていることがわかります。

■ SYSTEM GENERATEDと自作ビューの違い

　アプリ開発者が作成したビューは、[PRIMARY NAVIGATION]、[MENU NAVIGATION]、[REFERENCE VIEWS]のいずれかに配置できます。本書の例では、既に[日報]というビューがアプリによって、自動生成されています。

　[SYSTEM GENERATED]には、既に[日報_Detail]と[日報_Form]が自動生成されていることがわかります。このカテゴリには、テーブルおよびスライスの編集権限(SECTION-011「設定画面の説明」)やその他のカラム設定(CHAPTER-04で解説するRefタイプなど)によって、システム側で自動生成されるビューがここに表示されます。

■ SECTION-014 ■ View(データの見せ方)の設定

> HINT
> この[日報]テーブルでは、P49の[Are updates allowed?]の設定ですべての編集権限(Adds、Updates、Deletes)を許可していました。もし、編集権限からAddsとUpdates(新規レコード登録とレコードの更新)の許可を取り消すと、[SYSTEM GENERATED]から[日報_Form]は自動的に削除されます。後ほど改めて説明しますが、Formビューとは、レコードの登録と編集をするために使用される画面です。このように[SYSTEM GENERATED]は、データの設定と密接に関係していることを覚えておきましょう。

ビュー設定の事前準備

ここからは実際にビューを構築しながら理解を深めていきましょう。事前にやっておくと、より画面がわかりやすくなる設定を先にしておきます。

[Settings]から[Theme & Brand]に進み、[Show view name in header]のトグルをONに変更して、[SAVE]ボタンをクリックします。プレビュー画面を確認すると、上部のバーに現在表示中のビュー名が表示されます。

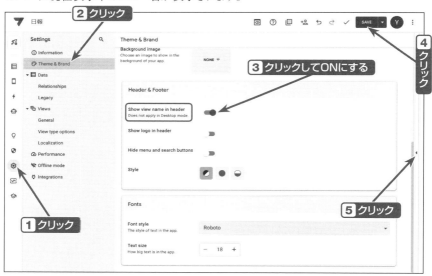

■ SECTION-014 ■ View（データの見せ方）の設定

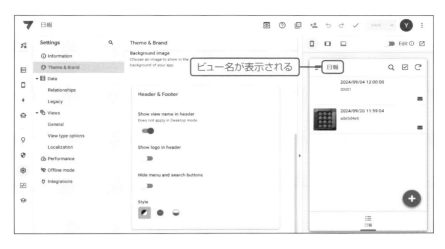

Detailビュー（SYSTEM GENERATED内）の設定

最初に、[SYSTEM GENERATED]にある[日報_Detail]ビューを修正していきます。[Detail]ビューとは、1つのレコードの詳細情報を表示する画面になっています。デフォルトでは、[日報]ビューのレコードをクリックした時に表示される画面です。

1 Detailビューの確認

プレビュー画面のSECTION-013で新規作成をした2行目のデータをクリックします。クリックすると、[Details]ビュー（日報_Detail）が表示されます。

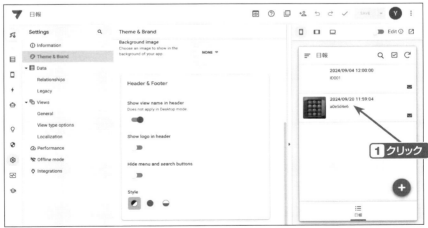

■ SECTION-014 ■ View(データの見せ方)の設定

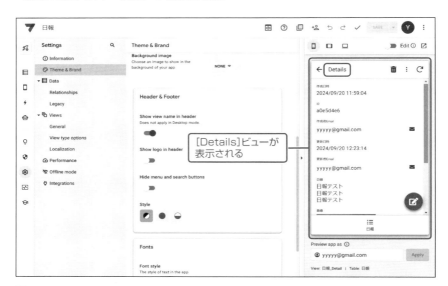

2 Detailビューの設定

［Views］セクションをクリックし、［日報_Detail］ビューをクリックします。選択状態にして、図の通りに設定してください。図で示した以外は、デフォルトのままにします。設定後、［SAVE］ボタンをクリックして保存します。

■ SECTION-014 ■ View(データの見せ方)の設定

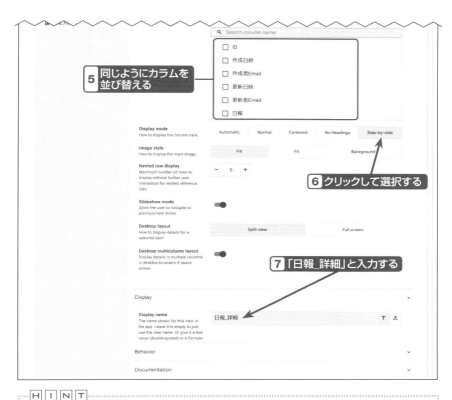

|H|I|N|T|
カラムの表示や並び替えは、カーソルを該当のカラムに近づけると[⁝⁝]のようなマークが表示され、ここをクリックした状態でドラッグ操作で簡単に上下に移動できます。[+]や[⊗]マークで必要なカラムと不要なカラムを追加、または削除することができます。

■ SECTION-014 ■ View(データの見せ方)の設定

3 設定内容のプレビュー

保存後、画面の[Show in preview]をクリックしてください。先ほど設定した内容が反映されていることを確認してください。

- ビュー名が「日報_詳細」に変更されている。(Display nameの設定)
- カラム名と値が横並びになっている。(Display modeの設定)
- 表示カラムと表示順(Column orderの設定)

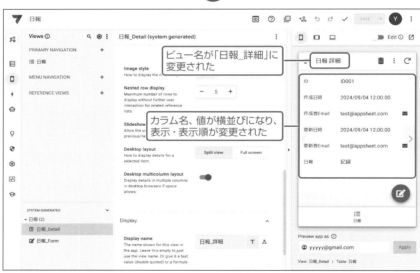

■ SECTION-014 ■ View(データの見せ方)の設定

4 動作の確認

ここでスライドボタンをクリックすると、次のレコードの[Detail]ビューに遷移します。これは、[Slideshow mode]がONに設定されているためです。ここがOFFの状態では、スライドボタンが表示されません。遷移した[Detail]ビューには、[Main image]の設定で最上部に画像が表示されているはずです。

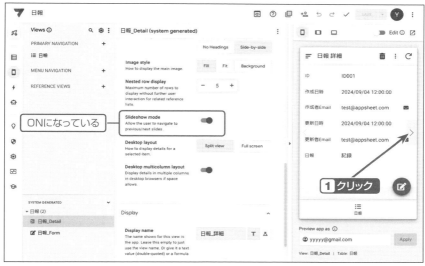

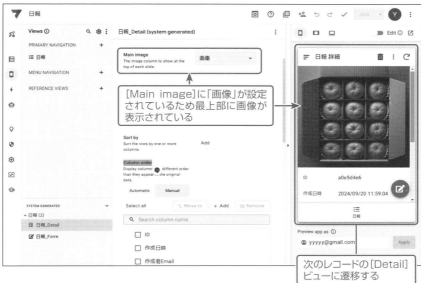

■ SECTION-C14 ■ View(データの見せ方)の設定

▌▌▌ Formビュー(SYSTEM GENERATED内)の設定

次は[日報_Form]ビューの設定をします。

[Form]ビューとは、新規レコードの登録と既存レコードの編集をするための入力画面です。リストタイプのビュー([Table]ビューや[Deck]ビュー)にある[+]ボタンをクリックした時(新規登録)、または、[Detail]ビューにある[Edit]ボタンをクリックした時に表示される画面です。

◉リストタイプのビュー　　　　　　　◉[Detail]ビュー

クリックすると[Form]ビューへ

■ SECTION-014 ■ View(データの見せ方)の設定

1 Formビューの設定

[Views]セクションをクリックし、[日報_Form]ビューをクリックします。[日報_Form]ビューを開いたら、図の通りに設定してください。図で示した以外は、デフォルトのままにします。設定後、[SAVE]ボタンをクリックして保存します。

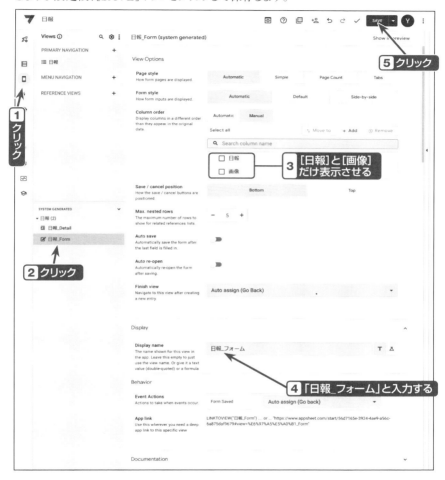

■ SECTION-014 ■ View(データの見せ方)の設定

2 設定内容のプレビュー

[Show in preview]をクリックし、プレビュー画面を表示させて、設定した内容を確認してみましょう。

- ビュー名が日報フォームに変更されている(Display nameの設定)
- 入力カラムには、[日報]と[画像]だけが表示されている(Column orderの設定)

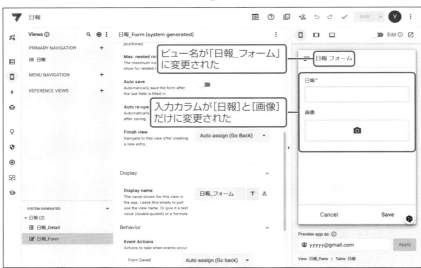

■ SECTION-014 ■ View(データの見せ方)の設定

3 動作の確認

ここで、新規フォームを起動して、適当に新たなレコードを追加してみましょう。プレビュー画面で、[日報]ビューの[+]マークをクリックします。作成されたフォームの[日報]、[画像]カラムにそれぞれ入力、画像を登録し、[Save]をクリックします。

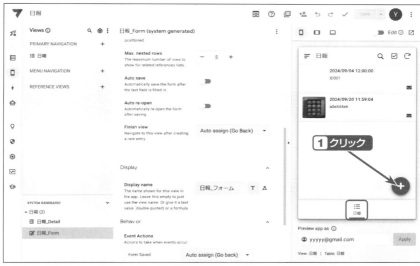

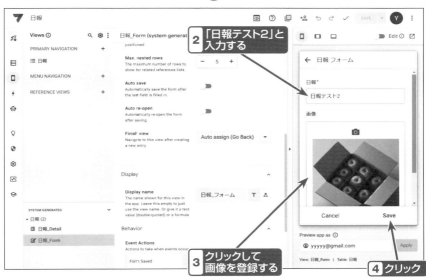

■ SECTION-014 ■ View(データの見せ方)の設定

4 スプレッドシートを確認

　この後、スプレッドシートに登録されたデータを確認してみてください。注目したいのは、フォーム画面には表示していなかった[ID]、[作成日時]、[作成者Email]、[更新日時]、[更新者Email]にも値がちゃんと入力されているところです。このように、[Data]の設定で[INITIAL VALUE]や[FORMULA]に式を仕込んでいる場合は、それらのカラムをフォームに表示していなくても、バックグラウンドでは、しっかりとそれらの計算処理が実行され、データソースに反映されます。

HINT

筆者は、(特にフォーム画面では)入力項目や表示項目は極力、必要最小限にしておくことを推奨しています。ユーザーがフォーム入力時に、特に意識する必要のないカラム項目であれば、非表示にしておく方が、心理的ストレスの緩和にもなります。また、ほとんどのアプリでキーカラムに設定しているであろうUNIQUEID関数の出力結果をユーザーに編集されては困りますので、その点でも[ID]をフォームからは非表示にしました。

■ 自作[日報]ビューの設定

　ここまでは、[SYSTEM GENERATED]を修正してきましたが、ここからは自作のビューを作成してみましょう。本書でもそうなっていますが、皆さんの環境でも、[PRIMARY NAVIGATION]に[日報]というビューが自動生成されていると思います。これをこのまま修正して利用することもできるのですが、ここでは練習のために、一度このビューを削除してから進めます。

■ SECTION-014 ■ View(データの見せ方)の設定

1 ビューの削除

ビューを削除するには、該当のビューにカーソルを近づけると、[⋮]が表示されるので、クリックします。表示されるメニューから[Delete]をクリックしてください。ビューが削除されたはずです。削除後、[SAVE]ボタンをクリックします。

■ SECTION-014 ■ View(データの見せ方)の設定

2 ビューの作成

ここから改めて、ビューを作成していきます。[PRIMARY NAVIGATION]の横の[＋]ボタンをクリックしてください。[Add a new view]という画面が表示され、ここに作成するべきビューがサジェストされていますが、これは使用せずに[Create a new view]ボタンをクリックしてください。[PRIMARY NAVIGATION]に[New View]というビューが作成されます。

■ SECTION-014 ■ View(データの見せ方)の設定

3 ビューの概要の設定

ここから、作成した[New View]を設定していきます。下図のように設定します。指示した以外の項目は、デフォルトの状態にしてください。

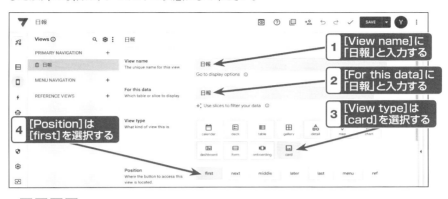

HINT
[PRIMARY NAVIGATION]（スマホ・タブレットでの専用アプリでは、下部に表示されるバー）には、5つまでビューを表示することができます。[Position]の[first]、[next]、[middle]、[later]、[last]とは、左からの位置を表します。

4 並び順の設定

画面をスクロールし、次のように設定します。

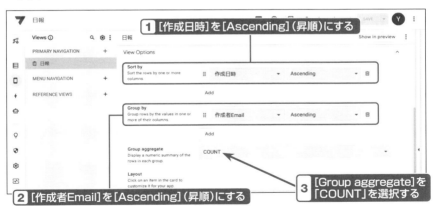

HINT
[View Options]以降は、[View type]で選んだタイプにより、設定項目が変化します。

■ SECTION-014 ■ View(データの見せ方)の設定

5 Layoutの設定

さらにスクロールし、[Layout]を設定します。[Layout]の設定をするには、次の表に示す、カードの各該当箇所をクリックし、その際に表示される「Column to show」に、表示したいカラムを設定することで実行します。

該当項目	選択項目
ラジオボタン	large
Title goes here	ID
Subtitle goes here	更新日時
サムネイル	画像
画像	画像
Header goes here	作成者Email
Subheader goes here	作成日時
詳細部分	日報
ACTION1	Compose　Email(作成者Email)
ACTION2	Compose　Email(更新者Email)
♡	Edit
＜	Delete
カード全体	Go to details

■ SECTION-014 ■ View(データの見せ方)の設定

6 アイコンの選択

スクロールし、アイコンをクリックし選択します。ここまで設定できたら、最後に[SAVE]ボタンをクリックして、保存します。

7 作成したビューのプレビュー

画面横の[◀]をクリックしてプレビューを表示し、[Open app in browser]をクリックします。すると新たなブラウザが開き、アプリが表示されます。ここで[日報]のアイコンをクリックすると、先ほど設定したビューが表示されます。ビューの表示はカード型に変わりました。

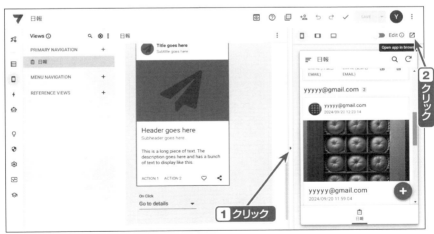

89

■ SECTION-014 ■ View(データの見せ方)の設定

8 動作の確認(アクション)

この画面で、設定した通りになっていることを確認してください。
- [作成日時]で昇順になっている(Sort byの設定)
- [作成者Email]でグループ化(Group byの設定)
- レコード数で集計(Group aggregateの設定)
- カード内での各設定を確認(Layoutの設定)

確認後、[Compose Email(作成者Email)]をクリックします。すると、パソコンのデフォルトに設定されているメールアプリで新規メッセージフォームが起動されることが確認できると思います。確認できたら、このメッセージフォームは閉じましょう。

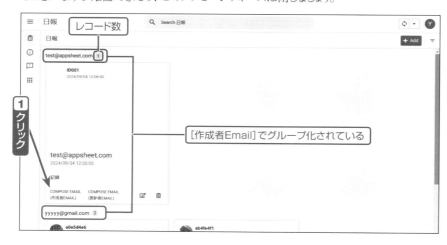

■ SECTION-014 ■ View（データの見せ方）の設定

メッセージフォームが起動する

9 動作の確認（編集）

ここで、ID001のレコードに画像が無いのが少しさびしいので、画像を登録します。[Edit]ボタンをクリックすると、右端から編集画面が表示されます。ここで画像を登録します。登録後、右上の[Save]ボタンをクリックし保存します。

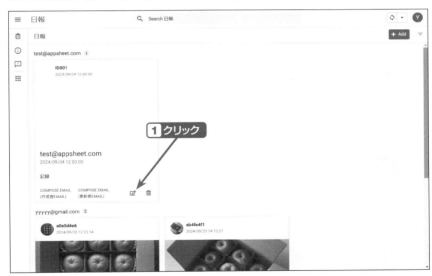

1 クリック

■ SECTION-014 ■ View(データの見せ方)の設定

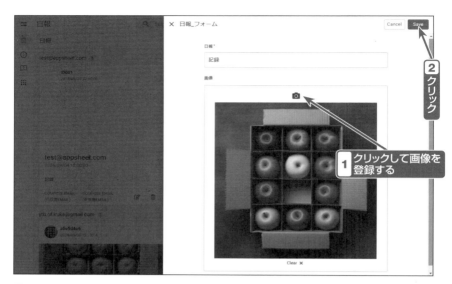

10 カードクリック時の動作確認

それでは、ID001のカード全体をクリックしてみてください。今度は、右画面に[日報_詳細]、つまり[Detail]ビューが表示されたはずです。表示されなかった場合は、カード全体をクリックした時の設定で[Go to details]になっていない可能性あります。

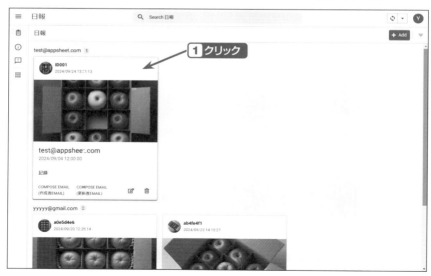

■ SECTION-014 ■ View(データの見せ方)の設定

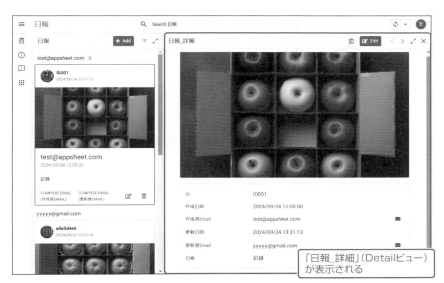

「日報_詳細」(Detailビュー)が表示される

　他にも、説明しきれていない動きはありますが、ここまでで述べてきた以外のところは、各自でアプリのアイコンなどをクリックして、その動作を確認してみてください。

Positionについて

　ここでビューを配置する位置(Position)について、説明しておきます。

▶menu

　現在、[日報]ビューの[Position]は[first]に設定していました。これを[menu]に変更してみましょう。[SAVE]ボタンをクリックし保存してから、プレビュー画面を確認してみてください。下部バーにビューアイコンが表示されなくなったはずです。

■ SECTION-014 ■ View(データの見せ方)の設定

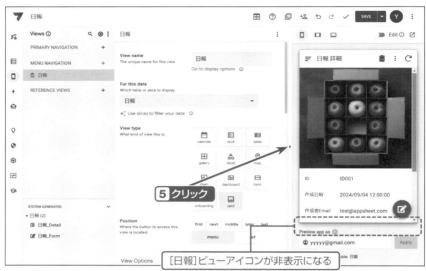

[日報]ビューはどこに行ってしまったのでしょうか？ プレビュー画面の左上に表示されている[≡]（ハンバーガーメニュー）をクリックしてください。[日報]ビューはここに表示されています。これをクリックすると、ビューが表示されます。

■ SECTION-014 ■ View(データの見せ方)の設定

　メニュー[Position]には、あまり頻繁にはアクセスしないビューなどを配置しておくのが一般的です。

■ SECTION-014 ■ View(データの見せ方)の設定

▶ref

次に、[日報]ビューの[Position]を[ref]に変更し、プレビュー画面を確認してください。プレビュー画面を確認すると、[日報]のビューアイコンは下部のバーにも表示されず、メニューバーにも表示されていません。また、[REFERENCE VIEWS]の階下に[日報]ビューが表示されるようになりました。

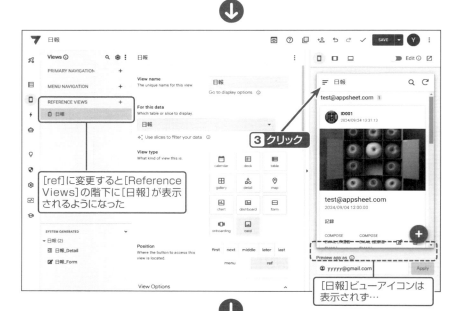

■ SECTION-014 ■ View(データの見せ方)の設定

このように、[ref]ポジションにビューを配置すると、ユーザーが直接操作するところには
ビューは表示されません。[ref]ポジションの使用用途としては主に次の2つがあります。

- ダッシュボードビュー内で表示
- Action操作により表示する(Actionは次章以降で解説)

> HINT
> ダッシュボードビューでは、1つの画面内に複数のビューを入れ子にすることができま
> す。これにより、1画面で複数のビューを表示することができます。

ここまでの動作を確認できたら、[Position]は[first]に戻して[SAVE]ボタンで保存し
ておきましょう。

03 簡単なアプリを作成してみよう

97

■ SECTION-014 ■ View(データの見せ方)の設定

▶PRIMARY NAVIGATION

[PRIMARY NAVIGATION]を改めて補足しておきます。[PRIMARY NAVIGATION]は、図の[first]、[next]、[middle]、[later]、[last]が該当し、これらすべてにビューが配置されていると、次の画像のようになります。

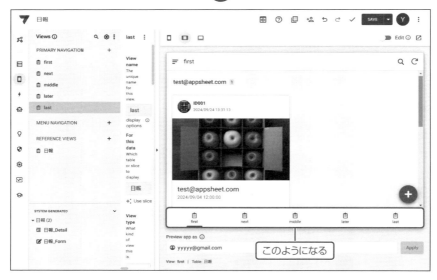

■ SECTION-014 ■ View(データの見せ方)の設定

ONEPOINT スマホ・タブレット専用アプリとブラウザでのメニューの表示位置

　［PRIMARY NAVIGATION］に配置したビューは、スマホ・タブレット専用アプリの時とブラウザでは、表示される位置が少し違います。次の図に示すように、スマホとタブレットの専用アプリでは、画面下のバーに表示され、ブラウザ画面では、左サイドバーに表示されるため、結局のところ、メニューポジションに集約されることになります。

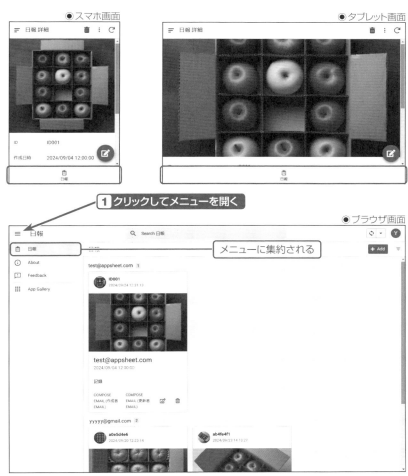

99

SECTION-015

デザインのカスタマイズ

　AppSheetでは、デザインのカスタマイズはほとんどできませんが、少しだけならアプリのデザインを変更する機能があります。

　[Settings]から[Theme & Brand]をクリックして開きます。ここで各項目を図のように設定をしてみてください。

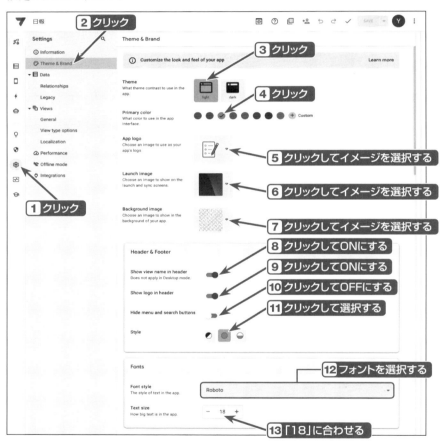

設定後、プレビュー画面を確認します。設定したように、アプリの色やデザインが変更されました。

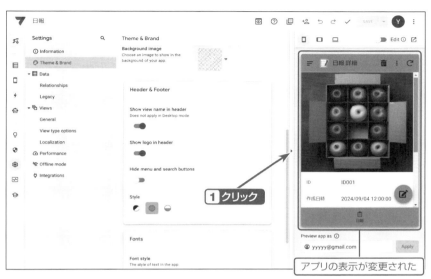

次の表に示す項目に変化を加えることで、アプリの見た目のイメージをアレンジすることができます。

項目	項目内容
Theme	アプリのテーマカラー(背景色)
Primary color	アプリのインターフェイスで使用するカラー
App logo	アプリのロゴ
Launch image	アプリの同期時にこの画面が表示される
Background image	DetailビューとFormビューの背景に表示される(デスクトップモードでは表示されない)
Show view name in header	ヘッダーにビュー名を表示するか
Show logo in header	ヘッダーにロゴを表示するか
Hide menu and search buttons	メニューバーと検索窓を表示するか
Style	Primary colorで設定したカラーをどの部分に着色するか
Fonts	フォントのスタイルとサイズ

ここの設定は、プレビュー画面を見ながら色々と変化させると、よく理解できると思います。ぜひご自身の環境で変化させて試してみてください。他にデザイン系で言うと、Formatルールという機能がありますが、次章以降でアプリ開発しながらご紹介します。

これで日報アプリは完成です！

■ SECTION-015 ■ デザインのカスタマイズ

ONEPOINT ローカライズ

　システム側で表示される言語は基本的に英語です。AppSheetには、これを変更する機能があります。[Settings]から[Localization]では、システムボタンと通知に表示されるテキストを変更することができます。例として、[Save]を「保存」、[Cancel]を「キャンセル」と変更して、[SAVE]をクリックします。

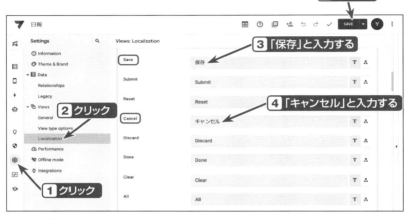

　この状態で、新規フォームを起動すると、図のように、[Save]が「保存」、[Cancel]が「キャンセル」にローカライズされていることが確認できます。

ONEPOINT　Starting view(スターティングビュー)

　アプリを最初に起動した時に表示されるビューを設定することができるので、ご紹介します。[Settings]から[General]に移り、さらに[General]というカテゴリの中に、[Starting view]という項目があります。筆者の環境では、ここに[日報_Detail]ビューが設定されていました。これはアプリ起動時に最初に表示する画面としては、不自然な感じがするので、ここは[日報]ビューに変更しておきましょう。

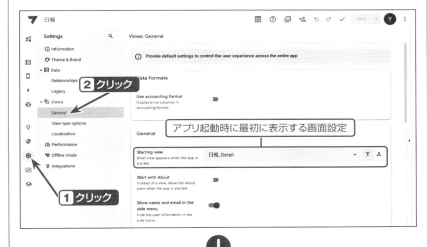

SECTION-016

本章のまとめ

　本章の「日報アプリ」の開発では、主にAppSheetの基本的な操作や設定項目を学んでいただきました。

　特に、Dataの設定では学んだ、カラムタイプ、キー、ラベル、INITIAL VALUE、FORMULAの設定などは、すべてのアプリ開発で共通する、非常に重要な設定項目となります。

　まだ、理解が曖昧な場合は、本章の内容を何度も読み返して、しっかりマスターするように頑張りましょう!

CHAPTER 04
効果的なデータ構造の作り方

本章の目的は、「Ref」(データベースにおけるリレーション)の理解と習得です。この章では、「タスク管理アプリ」の開発を通じて、「Ref」とは何か、徹底的に解説します。

SECTION-017

RDBの基本を理解しよう

　CHAPTER-03では、シート1枚、1つのテーブルだけでアプリを作成しました。ここからのアプリ開発には複数のテーブルを使います。複数テーブルを扱う際に、たいていセットで使う技術が「データベースにおけるリレーション」です。ここでいうデータベースとは、「リレーショナルデータベース」を指しています。データベースの種類には、この他に、階層型データベース、ネットワーク型データベース、NoSQLデータベースなどがあります。

　AppSheetは、リレーショナルデータベース(以降RDB)をベースとして設計されたプラットフォームです。AppSheetで「業務で使うレベルのアプリ開発」をするためには、RDBの基本的な知識、「リレーションの理解」が必要になりますので、この章を通じて理解していきます。

　タスク管理のアプリ開発に入る前に、RDBの基本的な説明をします。

▌▌▌ データベース(RDB)とテーブル

　会社にはたくさんの書類が保管されており、社員や顧客に商品情報、注文明細や売上記録など、さまざまな種類の書類がファイルボックスに整理されています。

　テーブルとは、行と列で構成された表のようなもので、会社で扱っている「さまざまな書類」に相当します。

- **テーブル** … 行と列で構成された表(スプレッドシート内の各シート)で、会社で扱っている「さまざまな書類」に相当する

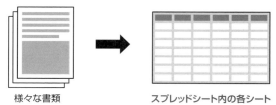

様々な書類　　　　スプレッドシート内の各シート

そして、データベースは関連する複数のテーブルで構成された1つの入れ物のようなものです。これは物理的なもので言うなら、「ファイル」に相当します。よって、データベースとは、大量のデータを効率的に管理するための仕組みのことです。データベースとテーブルの例を挙げるなら、「1つのスプレッドシート」がデータベースで、その中にある「各シート」がテーブルに相当します。

● **データベース** … 関連する複数テーブルで構成された1つの入れ物
　　　　　　　　　（1つのスプレッドシート）で、「ファイル」に相当する

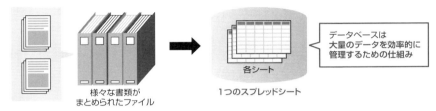

様々な書類が
まとめられたファイル　　　1つのスプレッドシート

データベースは
大量のデータを効率的に
管理するための仕組み

各シート

キー(KEY)の役割

　テーブルでは、所持している列から、必ずどれか1つの列をキー(KEY)に設定しなければいけません。キーに設定された列では、テーブル内のレコードを1行に特定するための役割があります。これにより、テーブル内のレコードを一意に識別することができます。そのため、キーの値は、その列内で重複することがなく、必ず固有の値になっている必要があります。また、キーは、リレーションを構築する際にも重要な役割を果たします。
例）
- 社員一覧テーブル：社員番号
- 商品一覧テーブル：商品番号
- 注文テーブル：注文番号

> **キー(KEY)の役割**
>
> ・テーブルでは、必ずどれか1つの列をキーに設定する
> ・キーは、テーブル内のレコードを一意に識別するための
> 　役割がある
> ・キーは、リレーションを構築する際にも重要な役割を果たす

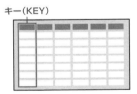

キー(KEY)

ここで、キーの役割がわかる例を1つあげてみましょう。

会社の同じ部署に同姓同名の2人がいます。データ上では名前だけでは判別ができません。そこで、社員番号を割り振り、それぞれを識別します。

このように、たった1つのものを識別することが、テーブルにおけるキーの役割です。

例

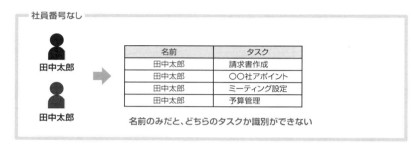

▌▌▌ リレーション

リレーションとは、複数のテーブルを関連付ける仕組みです。リレーションによって、異なるテーブルにあるデータを関連付けて一元的に管理することができます。たとえば社員一覧テーブル、商品一覧テーブル、売上記録テーブルを関連付け、1人の社員がどのような商品の売上に貢献したのかを管理することができます。このように、データベース内のテーブルに適切なリレーション関係を構築することで、データを効率的に管理できます。

▌▌▌ 1対多リレーション

1対多リレーションとは、テーブルの1つのレコードに対して、他テーブルの複数のレコードが関連付けられることです。

ここで本章で作成するアプリのER図をお見せします。ER図とは、データベースの設計やテーブル間のレコード同士の関係を視覚的に表した図です。

●タスク管理アプリのER図

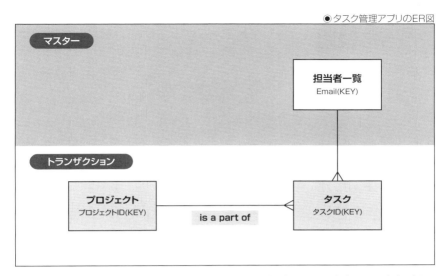

　図の「担当者一覧」「プロジェクト」「タスク」は、いずれもテーブルを表しています。また、それぞれのテーブル内でのキーカラム(Email、プロジェクトID、タスクID)も記載しています。そして、最も大事なところですが、各テーブル間に逆になった矢印のような線があります。これがいわゆる「1対多」の関係を表します。「1対多のリレーション」については、アプリを開発する中で理解を深めていきます。
　たとえば、

- 「担当者一覧」テーブルと「タスク」テーブルの関係は、1対多
- 「プロジェクト」テーブルと「タスク」テーブルの関係は、1対多(※Is a part of)

であるというのが、このER図の示すところです。

▶マスターテーブルとトランザクションテーブル

　ER図の中で、テーブルを「マスター」と「トランザクション」にカテゴリ分けしています。
　データベースには、マスターテーブルとトランザクションテーブルという2種類のテーブルがあります。

- マスターテーブル：比較的変更頻度の低い、基本的な情報を格納する
  - 例：社員一覧テーブル、商品一覧テーブル

- トランザクションテーブル：頻繁に追加・更新される、業務に関するデータを格納する
  - 例：注文テーブル、売上記録テーブル、日報テーブル

SECTION-018

アプリの説明

　ここから実際にプロジェクト・タスク管理アプリ開発に着手していきます。
　本章で作成するアプリのデータソースも、スプレッドシートを使用します。今回は、1つのスプレッドシート内に、「担当者一覧」シート、「プロジェクト」シート、「タスク」シートを作成しますが、この場合、この1つのスプレッドシートが「データベース」、内部にある各シートが「テーブル」ということになります。

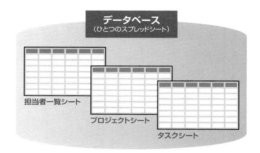

■ データソースの作成

　説明した通り、「担当者一覧」「プロジェクト」「タスク」という3つのデータ(テーブル)が必要になりますので、各データに、どのような列項目が必要かを決定し、設定していきます。

■ スプレッドシート(データベース)の作成

　マイドライブにアクセスし、[+新規]ボタンから[マイドライブ]→[AppSheet]→[data]→[プロジェクト・タスク管理]の階層になるように、フォルダを作成します。[プロジェクト・タスク管理]フォルダの中に「プロジェクト・タスク管理」(フォルダ名と同じ)というスプレッドシートを作成します。

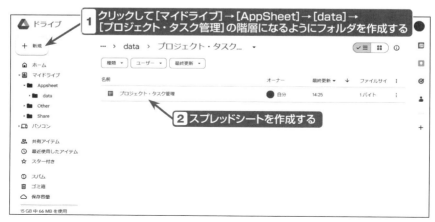

2 シート(テーブル)の作成と列項目(カラム)の設定

作成した「プロジェクト・タスク管理」スプレッドシートをクリックして開き、「担当者一覧」「プロジェクト」「タスク」の3つのシートを設定します。それぞれのシートに、画像の通りに値を入力してください。

●担当者一覧シート

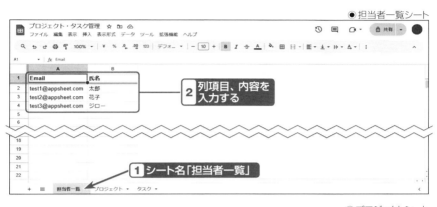

●プロジェクトシート

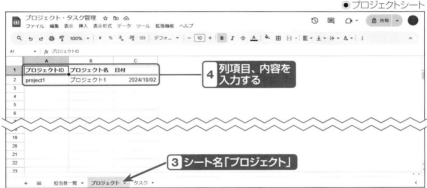

●タスクシート

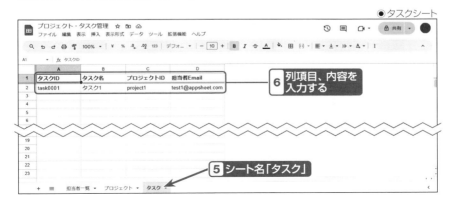

■ SECTION-018 ■ アプリの説明

3 アプリの作成

今回は、スプレッドシートの拡張機能を利用して、アプリを作成します。[拡張機能]メニューから、[AppSheet]→[アプリを作成]をクリックします。「プロジェクト・タスク管理」スプレッドシートがAppSheetに読み込まれ、アプリが作成されます。

■ SECTION-018 ■ アプリの説明

| ONEPOINT | デフォルトフォルダパスの変更【※推奨する設定】 |

　アプリが作成されたら、CHAPTER-03 SECTION-010「インターフェースを知ろう」と同様、最初にデフォルトアップフォルダのパスを変更しておきましょう。

　[Settings]メニューから[Information]に進み、[App Properties]内にある[Default app folder]の値を次のように変更してください。

/appsheet/data/プロジェクト・タスク管理

　このパスは、データソースであるスプレッドシートがある階層を示しています。変更後、[SAVE]ボタンをクリックし、保存します。

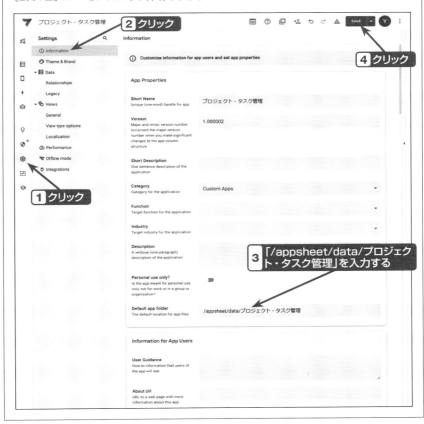

113

■ SECTION-018 ■ アプリの説明

ビュー名の表示

次に、[Settings]メニューから[Theme & Brand]をクリックし、[Header & Footer]で[Show view name in header]のトグルをONにします。変更後、[SAVE]ボタンをクリックし、保存します。CHAPTER-03のSECTION-014「View(データの見せ方)の設定」(73ページ参照)にて説明しましたが、こうすることでアプリの画面の上部で に現在のビュー名が表示されるようになります。

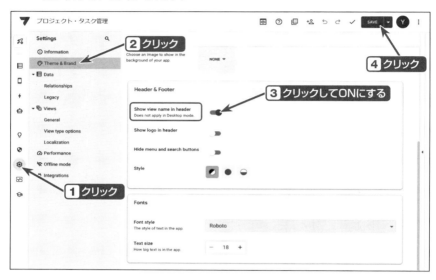

SECTION-019

Dataの設定

　Dataの設定に移ります。ここでの設定作業が、本章の肝である「リレーション」を構築することになりますので、しっかり理解していきましょう。

▌必要なテーブルの接続

　[Data]セクションにアクセスします。本書では[担当者一覧]シートだけは自動的にテーブル接続されていました。それぞれの環境では、これとは違うシートが接続されているかもしれませんが、問題ありません。

❶ テーブルの追加

　[担当者一覧]以外の必要なテーブル接続していきます。[Add new Data]をクリックして下さい。

■ SECTION-019 ■ Dataの設定

2 データソースの選択

［Add data］の画面が表示され、本書の図のように、上部に［Add Table "プロジェクト"］と［Add Table "タスク"］が表示されている場合、もちろんこれらをクリックしてテーブル接続することも可能ですが、ここでは［Google Sheets］をクリックします。

3 該当のデータソースの選択

マイドライブの階層を辿り、[プロジェクト・タスク管理]スプレッドシートをクリックして選択し、[Select]ボタンをクリックします。

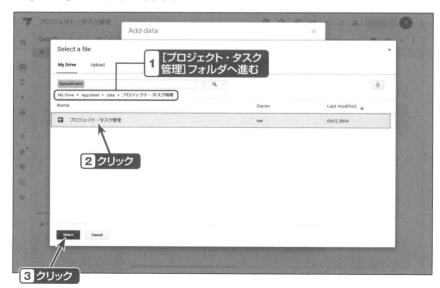

4 編集権限の設定

次に表示されるシート名が、本書と同じ状態ではないかもしれませんが、ここではひとまず、残りのシート(ここでは[プロジェクト]と[タスク])に対して、すべての編集権限、つまり、[Update, Add, Delete]を許可して、[Add 2 tables]ボタンをクリックします。

> **HINT**
> この編集権限とは、CHAPTER-03 SECTION-011「設定画面の説明」で説明した、[Table Settings]の「Are updates allows?」のことです。

これで、3つのシートの接続が完了しました。この1つ1つのシートがテーブルということになります。

- 担当者一覧シート → 担当者一覧テーブル
- プロジェクトシート → プロジェクトテーブル
- タスクシート → タスクテーブル

ONEPOINT Warnings found in your appについて

　ここまでのテーブル接続の過程で、次の図のような警告メッセージが表示されたかもしれません。[Warnings found in your app]（▲）が表示されていたら、クリックして、必ず確認するようにしてください。これはエラーではなく、警告メッセージなので、ほとんど場合は、無視しても問題ありませんが、時々重要な内容を伝えている時があります。本書の場合は、次のように警告されていますが、こちらは特に問題ありません。

- 英語：Table 'タスク' may contain sensitive data in column(s)：担当者Email
- 日本語訳：タスクテーブルのカラムに機密データ（担当者Email）が含まれている可能性があります。

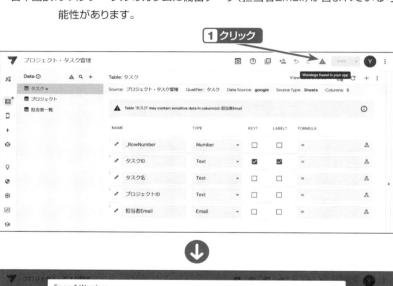

■ テーブルの編集権限

編集権限、つまり、[Update]、[Add]、[Delete]は、各テーブルに対して設定できます。また、それぞれの機能をON/OFFするだけでなく、条件によって動的に、これらの権限を切り替えることもできます。

1 [担当者一覧]テーブルの編集権限の確認

[担当者一覧]テーブルをクリックし、[Table settings]をクリックします。

2 [担当者一覧]テーブルの編集権限の変更

本アプリでは、このテーブルだけは、アプリユーザーに更新されることを想定していないので、[Are updates allowed?]を[Read-Only]に変更します。変更後はエディタの[Done]ボタンをクリックします。[Table settings]の画面が閉じたら、[SAVE]ボタンをクリックし、保存します。

■ SECTION-09 ■ Dataの設定

■ データ定義

次はデータ定義の設定をしていきます。それぞれ設定後、エディタ画面の[SAVE]ボタンをクリックして保存します。

▶ [担当者一覧]テーブル

[担当者一覧]テーブルでは、図のように設定してください。現時点では[Email]に、キーとラベルが設定されているところがポイントです。

▶[プロジェクト]テーブル

　[プロジェクト]テーブルでは、図のように設定してください。現時点では[プロジェクトID]に、キーとラベルが設定されているところがポイントです。

■ SECTION-019 ■ Dataの設定

▶ [タスク]テーブル

[タスク]テーブルでは、図のように設定してください。

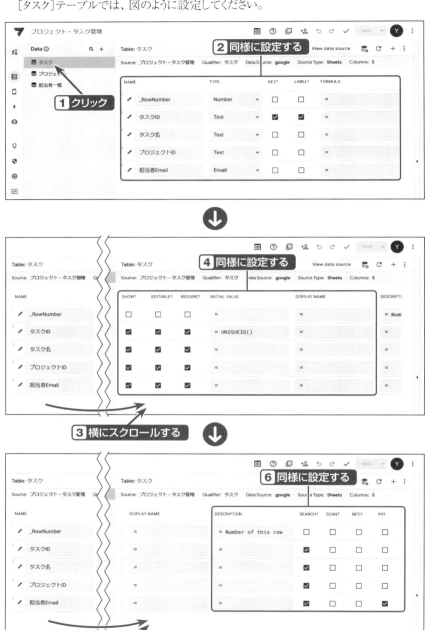

SECTION-020

Viewの設定

次に、[Views]に移ります。

ここで注目していただきたいのが、[SYSTEM GENERATED]です。ここに、[タスク]、[プロジェクト]、[担当者一覧]と各テーブル名があり、その階下に自動生成されたビューがあります。ここで、[○○_Form]というビューが、[タスク]テーブルと[プロジェクト]テーブルには作成されているのに、[担当者一覧]テーブルには作成されていないことがわかります。

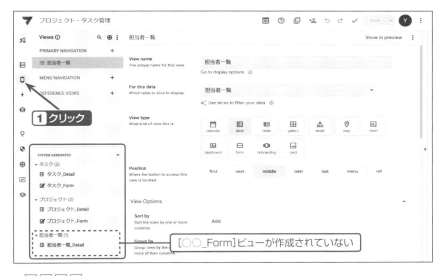

HINT
ビューが表示されていない時は、各テーブル横の「 ˇ 」をクリックすると、階下のビューが表示されます。

これはなぜなのでしょうか?

ここで、[担当者一覧]テーブルをアプリに接続した時に、[Read-Only]を指定したことを思い出してください(119ページ参照)。CHAPTER-03で説明した通り、Formビューとは、レコードの新規登録と編集をするための画面です。よって、そのテーブルにAdds(追加)もUpdates(編集)も許可されていないということは、Form画面が存在する意味がないのです。これにより、システムは担当者一覧テーブルには、Formビューを自動生成しなかったのです。このように、テーブルの編集権限とSystem Generateされるビューには、密接な関係があることを覚えておきましょう。

■ SECTION-020 ■ Viewの設定

●担当者一覧テーブルをアプリに接続した時

ビューは、REFの説明を終えた後、改めて作り込んでいきます。ここでは、簡単にビューを作成しておきます。

SYSTEM GENERATED

[SYSTEM GENERATED]は、次に示す通りに設定してください。

▶プロジェクト_Detail

[プロジェクト_Detail]ビューをクリックし、表示します。[Column order]にすべてのカラムが表示されていれば問題ありません。それ以外は、デフォルト設定のままにしておいてください。

■ SECTION-020 ■ Viewの設定

▶プロジェクト_Form

[プロジェクト_Form]ビューをクリックし表示します。[Column order]にすべてのカラムが表示されていれば問題ありません。それ以外は、デフォルト設定のままにしておいてください。

■ SECTION-020 ■ Viewの設定

▶タスク_Detail

[タスク_Detail]ビューをクリックし表示します。[Column order]にすべてのカラムが表示されていれば問題ありません。それ以外は、デフォルト設定のままにしておいてください。

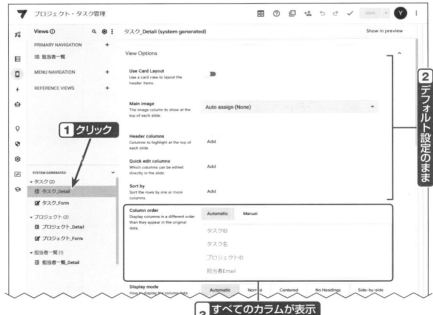

■ SECTION-020 ■ Viewの設定

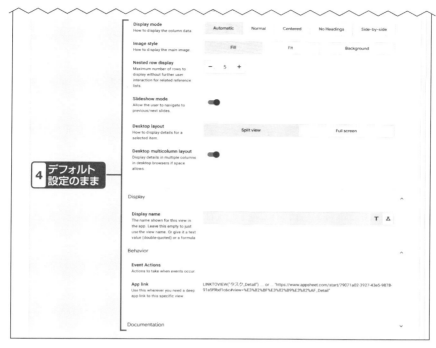

▶タスク_Form

[タスク_Form]ビューをクリックし表示します。[Column order]にすべてのカラムが表示されていれば問題ありません。それ以外は、デフォルトのままにしておいてください。

■ SECTION-020 ■ Viewの設定

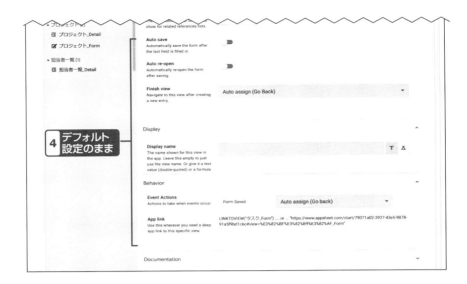

▌PRIMARY NAVIGATION

[PRIMARY NAVIGATION]に移ります。[PRIMARY NAVIGATION]は、次の画像通りにビューを作成してください。

▶[プロジェクト]ビュー

本書のように、既に[PRIMARY NAVIGATION]に[担当者一覧]ビューが自動作成されている場合は、そちらのビューを編集してください。自動作成されていない場合は、[PRIMARY NAVIGATION]右横にある「＋」ボタンをクリックして、新規作成してください。

128

■ SECTION-020 ■ Viewの設定

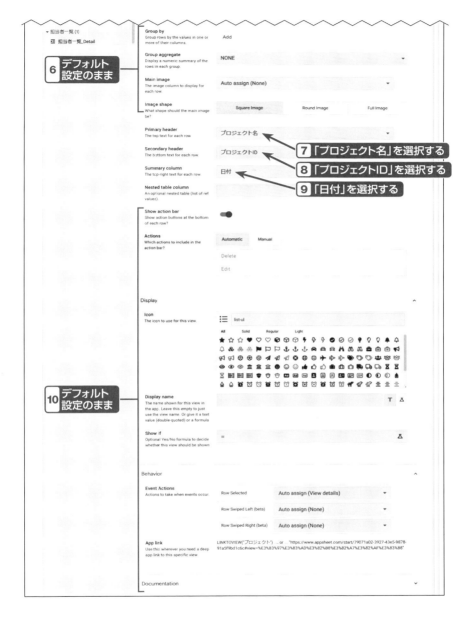

129

■ SECTION-020 ■ Viewの設定

▶[タスク]ビュー

作成した[プロジェクト]ビューを[Duplicate]して、次に示す通りの設定で[タスク]ビューを作成します。無理に、[プロジェクト]ビューを[Duplicate]する必要はなく、[+]ボタンから通常通り作成していただいても構いません。

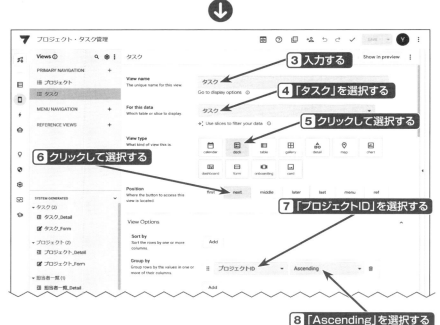

■ SECTION-020 ■ Viewの設定

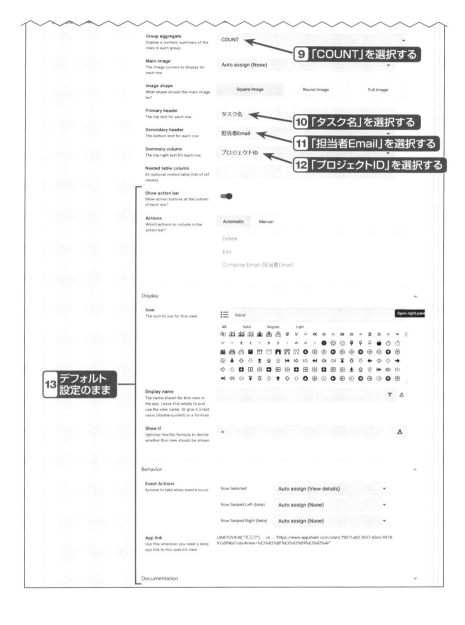

■ SECTION-020 ■ Viewの設定

作成した[プロジェクト]ビュー、[タスク]ビューは設定後、次の図のように見えます。プレビュー画面を確認してみましょう。

MENU NAVIGATION

[MENU NAVIGATION]横の[+]をクリックして、[Create a new view]ボタンから、次に示す通りにビューを作成してください。

▶ [担当者一覧]ビュー

[担当者一覧]ビューは、アクセスする頻度が低いため、メニューに表示します。

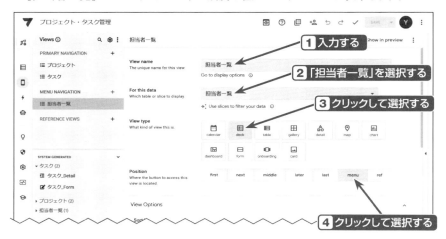

■ SECTION-020 ■ Viewの設定

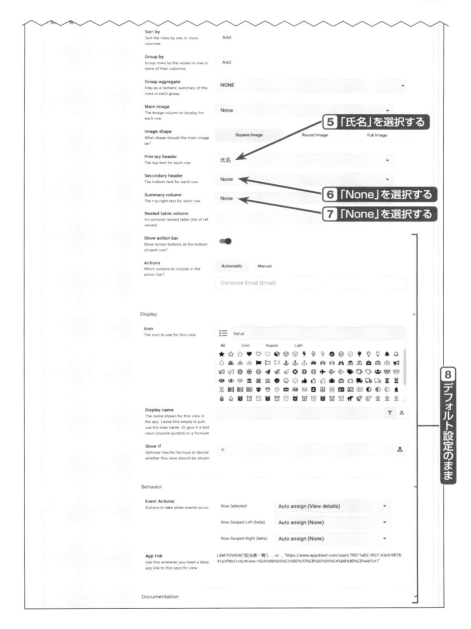

04 効果的なデータ構造の作り方

133

■SECTION-020 ■ Viewの設定

現在のリレーションを確認する

ここまで完了したら、[Settings]メニューから[Relationships]に移ります。この画面はタイムリーには更新されないので、一度ブラウザ画面の左上にある[C]（更新）ボタンをクリックします。

ここでは、テーブル間のリレーション関係をER図のように確認することができます。画面に表示された四角がテーブルを表し、丸は作成したビューを表します。現在は、各テーブル同士は矢印で繋がっていません。今はまだ、各テーブルにリレーションを構築していないので、テーブル同士には何の関係も無いということがわかります。

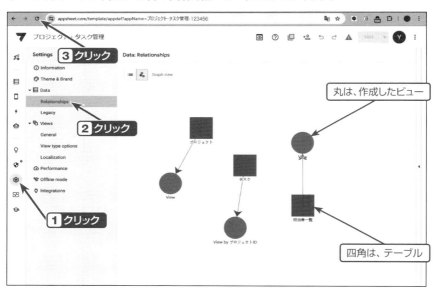

■ SECTION-020 ■ Viewの設定

▶リレーションの構築

ここからは、実際にリレーションの設定をしていきます。

1 [タスク_Form]の起動

再び、[Data]メニューから[タスク]テーブルにアクセスします。

ここでプレビュー画面を開き、[タスク]ビューをクリックして選択し、[+]をクリックして、新規で[タスク_Form]を起動してください。

2 フォーム入力状態の確認

ここで少し入力をシミュレートして、[プロジェクトID]と[担当者Email]がテキストのベタ打ち入力になっていることを確認してください。このようになっている理由は、[プロジェクトID]と[担当者Email]のカラムタイプが[Text]と[Email]に設定されているからです。確認ができたら、この入力は[SAVE]せずに、[Cancel]をクリックして、フォーム画面を閉じてください。

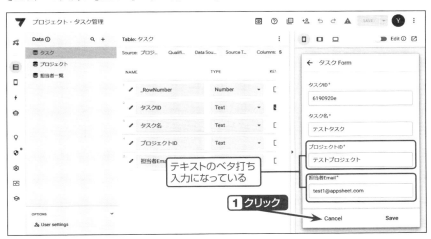

■ SECTION-020 ■ Viewの設定

3 [担当者Email]のカラムタイプの変更

[担当者Email]の✎(鉛筆マーク)をクリックして、カラムエディタを開きます。

4 Refタイプへ変更

次のような画面が表示されますので、図の通りに設定してください。設定後、[Done]ボタンをクリックして、エディタ画面の[SAVE]ボタンをクリックし、保存します。保存後、[担当者Email]のカラムタイプが[Ref]に変更されます。

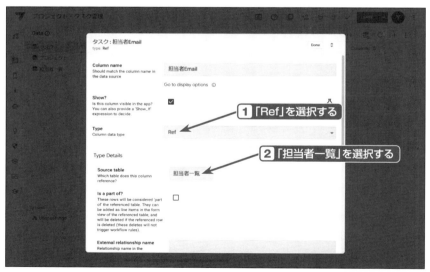

■ SECTION-020 ■ Viewの設定

この設定は、次のような意味になります。

- [タスク]テーブルの[担当者Email]カラムが、担当者一覧テーブルのキーカラム(ここでは[Email]カラム)を参照している

このようにテーブルのキーは、テーブル間の参照関係(リレーション)を構築する際にも、重要な役割を果たしています。ここで重要なのは、キーカラムを参照するということは、参照先テーブルの特定の1レコード(のキー)だけを見ているということです。複数のレコードを参照するということは、ないというところがポイントです。

■ SECTION-020 ■ Viewの設定

　少し例を挙げて説明すると、もし社員一覧テーブルに「社員番号」のような一意になる項目が無いと、社員の「氏名」でレコードを探すことになりますが、同姓同名の人がいる場合は、この検索手段ではレコードを「たった1つ」に特定することはできません。テーブル間のリレーションを構築するには、必ず参照先テーブルの参照レコードを1つに特定する必要があるため、キーに設定されたカラムを見ているのです。

5 [担当者一覧]テーブルの[Rlated ○○s]を確認

　次に[担当者一覧]テーブルに移ってください。次の図の通り、[タスク]テーブルの作成時には存在していなかった[Related ○○s]というバーチャルカラムが作成されています。このバーチャルカラムは、テーブルでカラムをRefタイプに設定すると、その参照先テーブル（ここでは[担当者一覧]テーブル）で自動的に作成されることになっています。[Related タスクs]の✏（鉛筆マーク）をクリックして、カラムエディタを起動します。

[Related ○○s]というバーチャルカラムが自動作成されている

> **HINT**
> ○○に入るのは、参照元テーブルのテーブル名です。バーチャルカラム（仮想カラム）は、SECTION-020「Refの利用」で説明しています（164ページ参照）。

6 [Rlated ○○s]の構造を確認

　カラムエディタを起動すると[Type]が[List]、[Element type]が[Ref]、[Referenced table name]が[タスク]になっています。これは、この[担当者一覧]テーブルが[タスク]テーブルから参照されていることを意味します。さらに、[App formula]には、「`Ref_ROWS("タスク", "担当者Email")`」と書かれています。この「Ref_ROWS」という特殊な関数については、ここでは深くは触れませんが、この式の結果は、[担当者Email]によって参照されている、[タスク]テーブルのレコードのキー（この例では[タスクID]）を取得することができます。

　ここまで確認できたら、カラムエディタを[Done]ボタンで閉じましょう。

■ SECTION-020 ■ Viewの設定

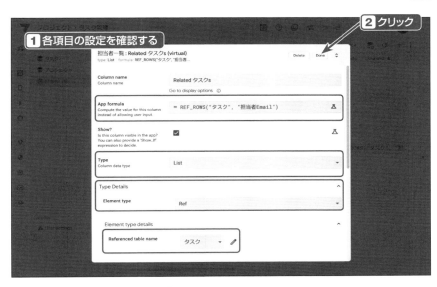

7 現在の[Relationships]の確認

再び、[Settings]メニューから[Relationships]に移り、画面を更新します。先ほど見た時は、各テーブル(四角)同士は無関係でしたが、今度は[担当者一覧]テーブルから[タスク]テーブルに矢印が突き刺さっているのが確認できるはずです。

これは、[担当者一覧]テーブルと[タスク]テーブルに、"1対多"のリレーション関係があることを意味します。"1対多"については「スプレッドシートのデータ確認」にて説明します(159ページ参照)。

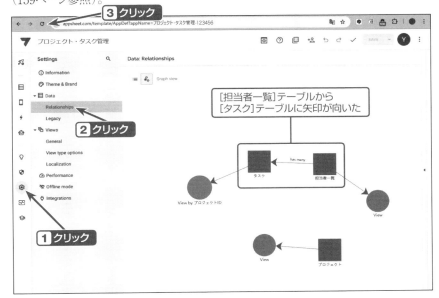

139

■ SECTION-020 ■ Viewの設定

8 フォーム入力状態の確認

ここまで確認できたら、もう一度、[Data]セクションに移り、[タスク]テーブルを選択します。プレビュー画面で、[タスク]ビューの[+]をクリックして、再度[タスク_Form]を開き、[担当者Email]をクリックし、ドロップダウンリストを表示します。Emailがドロップダウンリストで表示されているのが確認できたら、フォーム画面は[Done]をクリックしてください。

■ SECTION-020 ■ Viewの設定

　先ほどまでは、テキストのベタ打ちしかできなかったのに、入力の形式がドロップダウンリストからの選択式になりました。これで、タスクを割り振る担当者を1クリックで入力できるようになりました。これは、[担当者一覧]テーブルのキーである[Email]カラムの値がドロップダウンリストで表示されているためです。これもカラムタイプを[Ref]に設定したことの1つの効果です。

　ただ、ここでドロップダウンリストに表示されるのが、氏名ではなくメールアドレスという点は、ユーザーに対しては少し使い勝手が悪いように思えます。AppSheetには、このドロップダウンリストの"表面的な表示"を簡単に変更する機能が備わっています。

9 [LABEL?]の変更

　[Data]セクションで、[担当者一覧]テーブルを選択し、現時点では[LABEL?]は[Email]カラムに設定されているはずですが、これを[氏名]カラムに変更して、エディタ画面の[SAVE]ボタンをクリックして保存します。変更後、もう一度[タスク]ビューからフォームを起動して、[担当者Email]をクリックしてみてください。今度は、メールアドレスではなく、名前が表示されるようになったはずです。確認できたら、フォーム画面は「Done」で閉じます。

■ SECTION-020 ■ Viewの設定

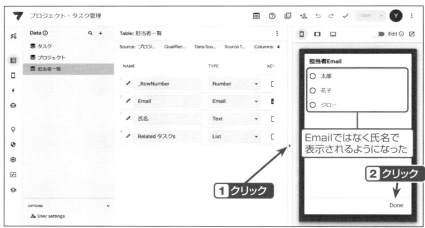

10 [担当者一覧]シートの確認

ここで、スプレッドシートの[担当者一覧]シートを確認します。これは、キーである[Email]に対して、それを表示する代わりに、同じ行のキー以外の列である[氏名]を表示しているのです。

- 「test1@appsheet.com」であれば「太郎」を表示
- 「test2@appsheet.com」であれば「花子」を表示
- 「test3@appsheet.com」であれば「ジロー」を表示

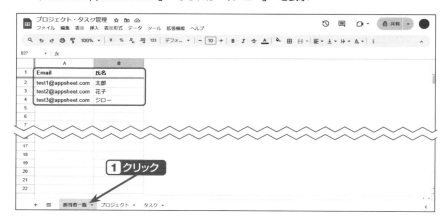

参照しているのは、あくまでもキーカラム

[タスク]テーブル(参照元)の[担当者Email]のように、カラムタイプを[Ref]にしている場合、[担当者一覧]テーブル(参照先)のラベルに設定したカラムの値をドロップダウンリストに表示できます。ただし、内部で参照しているのはあくまでも、参照先テーブルのキーカラムだということをしっかり理解しておいてください。

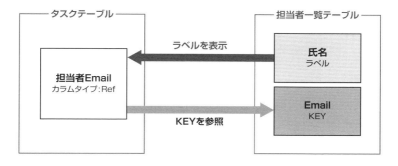

社員一覧テーブルを例を挙げて説明すると、ユーザーに対して"表面的に見せる"のはラベル(例:山田太郎)ですが、システム内部で扱っている実際の値はキー(例:社員番号001)ということです。ここでもキーは、そのテーブル内で絶対に重複しない値だったことを思い出してください。キーの値は必ず固有であるからこそ、「たった1つ」に特定することができるのです。

さらに、[タスク]テーブルの[プロジェクトID]のカラムタイプも[Ref]に変更して、[プロジェクト]テーブルを参照するように変更をします。その前に一度、プレビュー画面で、[プロジェクト]ビューを選択して、[+]ボタンをクリックしてください。新規フォームが起動されるので、ここでフォームに表示されるカラム項目を記憶しておいてください。確認できたら、フォーム画面は[Cancel]で閉じましょう。

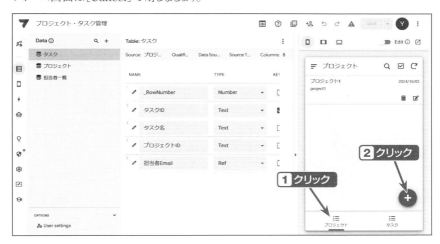

■ SECTION-020 ■ Viewの設定

▶タスクテーブルの参照先の変更

［タスク］テーブルの［プロジェクトID］のカラムタイプを［Ref］に変更して、［プロジェクト］テーブルを参照するように設定をします。

■1 ［プロジェクトID］のカラムタイプをRef(Is a part of)に変更する

［Data］セクションの［タスク］テーブルを選択状態にして、［プロジェクトID］カラムの✏️（鉛筆マーク）をクリックし、図の通りにカラムタイプを変更します。変更ができたら［Done］ボタンをクリックし、エディタ画面の［SAVE］ボタンをクリックしてください。

■ SECTION-020 ■ Viewの設定

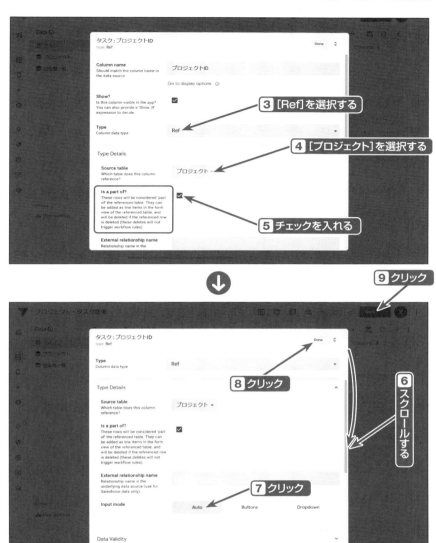

04 効果的なデータ構造の作り方

　先ほどの[担当者Email]をRefタイプに変更した時とは違い、ここでは[Is a part of?]をONにしました。この意味については、ONEPOINT「Is a part ofとは」および「スプレッドシートのデータ確認」で説明します(149、159ページ参照)。

■ SECTION-020 ■ Viewの設定

2 [プロジェクト]テーブルの[Related ○○s]を確認

次に、[Data]セクションの[プロジェクト]テーブルを選択してください。ここでも、[Related タスクs]というカラムが自動生成されていることが確認できるはずです。このカラムの✏(鉛筆マーク)をクリックして、カラムの詳細を表示し、次の項目を確認します。

[Type]は[List]、[Element type]は[Ref]、[Referenced table name]が[タスク]になっていることが確認できます。これは、この[プロジェクト]テーブルが、[タスク]テーブルから参照されていることを意味します。[App formula]の式は、「**Ref_ROWS("タスク", "プロジェクトID")**」となっており、[タスク]テーブルの[プロジェクトID]によって、このテーブルのキー(つまり[プロジェクトID])が参照されていることがわかります。この式の結果は、[プロジェクトIC]によって、紐づいている[タスク]テーブルのキー(タスクID)が返されます。

確認後、[Done]ボタンをクリックして閉じます。

3 現在の[Relationships]の確認

ここまで来たら、再度リレーションを確認しておきましょう。[Settings]メニューから[Relationships]をクリックし、ブラウザ画面を更新してください。

新たに、[プロジェクト]テーブルから[タスク]テーブルに矢印が突き刺さるようになり、これは、[プロジェクト]テーブルと[タスク]テーブルに、"1対多"のリレーション関係が構築されたことを意味します。

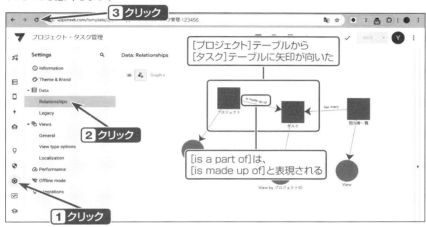

これで、このアプリのデータベースには

- [プロジェクト]テーブルから[タスク]テーブルへ1対多
- [担当者一覧]テーブルから[タスク]テーブルへ1対多

のリレーションが構築されたことになります。

ここで再度、タスク管理アプリのER図を確認しましょう。

●タスク管理アプリのER図

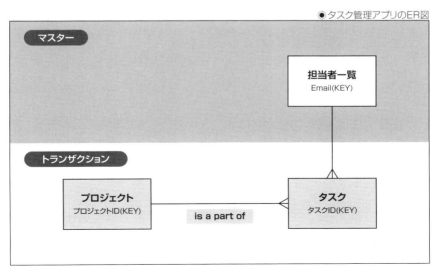

■ SECTION-020 ■ Viewの設定

　設定したリレーションと、このER図をよく見比べてみてください。これらが同じことを意味していることが分かると思います。ちなみに、[タスク]テーブルの[プロジェクトID]を[Ref]に変更した時に、[is a part of]にチェックを入れましたが、こうした場合は、[Settings]の[Relationships]上では「is made up of」と表現されます。

4 [New]ボタンからのフォーム入力

　再度、[Data]セクションに移ります。プレビュー画面で、再度[プロジェクト]ビューの[+]マークをクリックして、新規フォームを起動してください。すると、先ほどはなかった[New]というボタンが表示されていることが確認できます。この[New]ボタンをクリックしてみてください。[タスク]テーブルのフォーム画面(つまり、[タスク_Form])に遷移し、ここから、タスクの登録をすることができます。ただし、[New]から遷移した場合は、アプリ上部に表示されるビュー名は親フォーム(ここでは[プロジェクト_Form])のままです。

■ SECTION-020 ■ Viewの設定

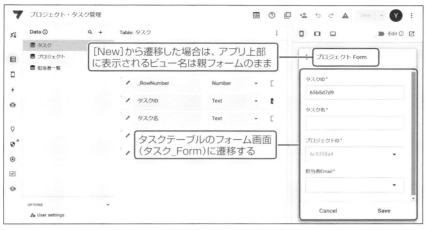

[タスク]テーブルでは、[プロジェクトID]をRefタイプにして、[Is a part of]をONにしていました。このように、カラムタイプが[Ref]、さらに[Is a part of]を有効にすると、参照先テーブルのフォームから、直接参照元テーブルのフォームを開くことができます。

> **ONEPOINT** Is a part ofとは
>
> 　一般に、参照先テーブルと参照元テーブルには、親子関係があると言います。もちろん参照先が「親」で、参照元が「子」です。[Is a part of]とは、その中でも「完全な親子関係」を意味し、親レコードが存在して、初めて子レコードも存在するという概念になります。さらに[Is a part of]には、「連鎖削除」という重要な性質を持っています。これは非常に便利な機能ではあるものの、あまり理解せずに使用していると、意図しない挙動を引き起こしてしまうことがあるので、「スプレッドシートのデータ確認」でしっかり解説します(159ページ参照)。

実際にデータ登録してみる

ここで、例として社員とバーベキューをするというプロジェクトを計画して、それに対する各々の役割を次のように決めるとしましょう。

- 買い出し担当 ： 太郎
- 食材を切る ： 花子
- 食材の調理 ： ジロー

■ SECTION-020 ■ Viewの設定

この内容を[プロジェクト]テーブルに登録してみましょう。

1 データの登録前の確認

プレビュー画面の[プロジェクト]ビューを選択し、[+]ボタンをクリックして、[プロジェクト_Form]を起動します。フォームには、次の図で示す通りに入力してください。入力後、[New]ボタンをクリックします。

2 フォーム入力状態の確認

[New]ボタンをクリック後、[タスク_Form]に遷移します。画面に表示された内容を確認すると、[プロジェクトID]にそのまま、[プロジェクトID]が表示されています。[担当者一覧]テーブルで、ラベルを[氏名]カラムと変更したのと同様に、こちらについてもユーザーにとってわかりやすい表示に変更しておきましょう。フォーム画面は、いったん[Cancel]してください。

3 [LABEL?]の変更

[Data]セクションで[プロジェクト]テーブルを選択し、[LABEL?]を[プロジェクトID]から[プロジェクト名]にチェックを変更して、[SAVE]ボタンをクリックしてください。

■ SECTION-020 ■ Viewの設定

4 データ登録

再度、アプリのプレビュー画面の[プロジェクト]ビューを選択し、[+]ボタンをクリックして、[プロジェクト_Form]を起動してください。入力内容は、1の図で示した通りです。入力後、[New]ボタンをクリックします。[New]ボタンをクリックした後、遷移される[タスク_Form]の[プロジェクトID]には、[プロジェクトID]ではなく[プロジェクト名]が表示されるようになったはずです。

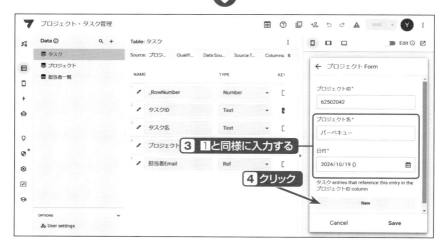

■ SECTION-020 ■ Viewの設定

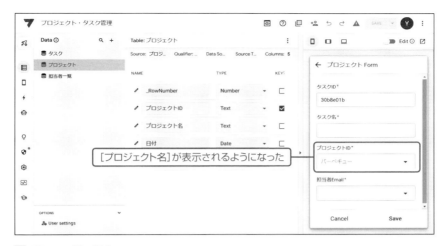

[プロジェクト名]が表示されるようになった

5 子レコードの保存

このまま、[タスク名]と[担当者Email]を入力して、[Save]をクリックしましょう。

04 効果的なデータ構造の作り方

■ SECTION-020 ■ Viewの設定

6 親レコードで子レコードが紐づけられたことを確認

[Save]をクリックすると、親レコードである[プロジェクト_Form]に戻り、[New]ボタンがあったところに、[タスク_Form]から登録したレコードが表示されています。これが、この[プロジェクトID]に紐づく子レコードということです。

このまま[プロジェクト_Form]で[New]をクリックします。

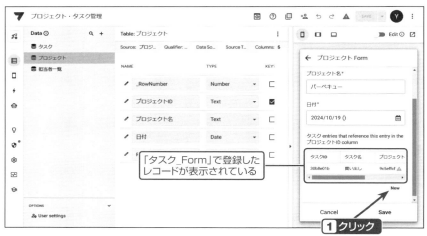

7 子レコードの追加その1

次の図のように入力して[Save]をクリックしてください。すると、再び、親レコードである[プロジェクト_Form]に遷移し、ここで、「食材を切る」タスクが追加されていることが確認できます。確認後、[プロジェクト_Form]を表示したまま、先ほどと同様に[New]をクリックします。

■ SECTION-020 ■ Viewの設定

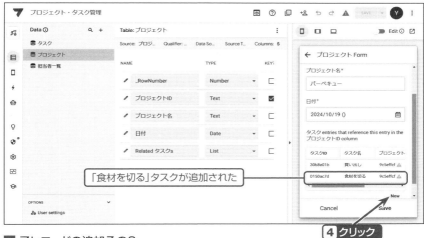

8 子レコードの追加その2

次の図のようにデータ登録をし、[Save]をクリックしましょう。再び、[プロジェクト_Form]に遷移し、「食材を焼く」タスクが追加されているのが確認できます。最後に[プロジェクト_Form]の[Save]をクリックし、保存してください。

■ SECTION-020 ■ Viewの設定

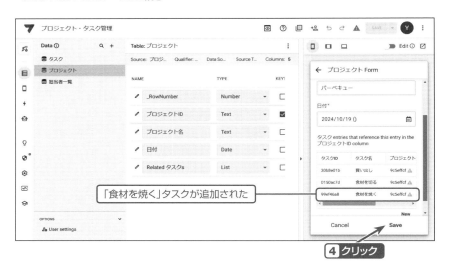

| ONEPOINT | カラムのDisplay Name |

　ここまでの過程で、[タスク_Form]で[プロジェクトID]の入力値に"バーベキュー"と表示され、また[担当者Email]の入力値に"太郎"と表示されていました。このように、カラム名と入力値が不一致になっていることに違和感を感じた方もいらっしゃるかもしれません。通常、こういった時は、[タスク]テーブルの各カラムの[Display Name]を次の例のように変更します。
- [プロジェクトID] の[Display Name]→プロジェクト名
- [担当者Email] の[Display Name]→担当者名

　ただし、本章においてはこのまま[Display Name]は変更せずに進めることにします。

■ SECTION-020 ■ Viewの設定

■ 複数データを登録する

「実際にデータ登録してみる」と同じやり方で、データ登録をしましょう。下記の2つのプロジェクトを登録します。

プロジェクト名：**上期実績のプレゼン**	日付：**2024/10/21**
タスク1：**プレゼンをする**	担当者：**太郎**
タスク2：**スライド切り替え**	担当者：**花子**
タスク3：**資料作成**	担当者：**ジロー**

プロジェクト名：**デジタル改善の計画**	日付：**2024/10/28**
タスク1：**計画立案**	担当者：**太郎**
タスク2：**データの管理**	担当者：**花子**
タスク3：**計画の進捗管理**	担当者：**ジロー**

入力後、[プロジェクト]ビューでは、次の図のように表示されていると思います。一番上の「プロジェクト1」は不要なので、🗑（Delete）をクリックしてください。「Confirm」の確認メッセージが表示されますので、[DELETE]をクリックしてください。

157

■ SECTION-020 ■ Viewの設定

改めて、[プロジェクト]ビューから各レコードをクリックして、[プロジェクト_Detail]を表示してください。各プロジェクト(親)の中に、[Related タスクs]があり、ここまでで登録してきた通り、各プロジェクトレコード(親)に該当するタスクレコード(子)が複数ぶら下がっていることがわかります。

このような親レコードと子レコードの「紐づけ」は、どのようにして実現されているのでしょうか。確認していきましょう。

■ SECTION-020 ■ Viewの設定

●バーベキュー

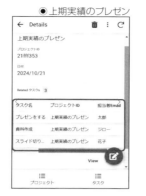
●上期実績のプレゼン

●デジタル改善の計画

> **HINT**
> [Related タスクs]は、テーブルでカラムをRefタイプに設定した時に、参照先テーブルで自動生成されるバーチャルカラムです。

■ スプレッドシートのデータ確認

ここで、スプレッドシートのデータがどのように反映されているかを見てみましょう。
[プロジェクト]シートでは、次の図のようになっています。

●[プロジェクト]シート

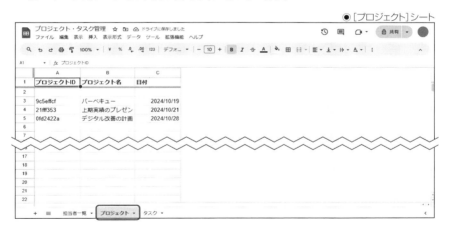

■ SECTION-020 ■ Viewの設定

[タスク]シートでは、次の図のようになっています。

● [タスク]シート

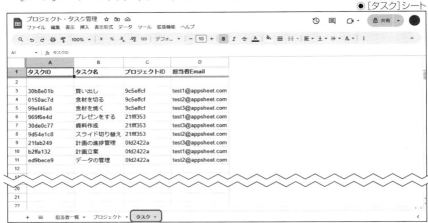

|H|I|N|T|
2行目が空白になっているのは、前述で「プロジェクト1」のレコードを削除したためです。アプリ側からレコードを削除すると、このように空白行となってしまいますが、アプリの動作的には全く問題ありません。

ここで、[プロジェクト]シートと[タスク]シートを対比して、よく観察してみてください。[プロジェクトID]と[タスクID]には、UNIQUEID関数の結果が出力されているので、本書の図と皆さんの環境では、これらの値は異なっているはずです。必要に応じて、それぞれ、皆さんのシートの値に置き換えてください。

● バーベキュー プロジェクト

[プロジェクト]テーブルで、[プロジェクトID]が、"9c5effcf"となっており、[タスク]テーブルの[プロジェクトID]でも、同じ値のレコードが3つあります。

● [プロジェクト]シート

● [タスク]シート

160

● 上期実績のプレゼン プロジェクト

［プロジェクト］テーブルで、［プロジェクトID］が、"21fff353"となっており、［タスク］テーブルの［プロジェクトID］でも、同じ値のレコードが3つあります。

● デジタル改善の計画 プロジェクト

［プロジェクト］テーブルで、［プロジェクトID］が、"0fd2422a"となっており、［タスク］テーブルの［プロジェクトID］でも、同じ値のレコードが3つあります。

「親レコードと子レコードの紐づけは、どのようにして実現されているのでしょうか？」という問いを掲げていましたが、こちらに対する回答が、まさに、［プロジェクト］シートと［タスク］シートのレコード同士の関係です。

■ SECTION-020 ■ Viewの設定

　つまり、このように互いのテーブルで共通した値を持つことにより、複数のテーブルのデータを関連づけることができるのです。さらに注目していただきたい点は、[プロジェクト]テーブルでの[プロジェクトID]は、キーの役割があるため、必ずテーブル内で固有の値になります。対して、[タスク]テーブルでの[プロジェクトID]は複数存在しています。もちろん、タスクが1つだけなら1レコードだけになります。

　さらに、スプレッドシートの[タスク]シートの[担当者Email]列には、[担当者一覧]シートにある[Email]列の値が入力されています。こちらについても、[担当者一覧]テーブルのキーカラムである[Email]を使用して、[タスク]テーブルと関連付けしていることがわかります。

　ここで改めて「1対多」のリレーションとは、何かを考えてみましょう。[プロジェクト]テーブル（親）と[タスク]テーブル（子）、そして、[担当者一覧]テーブル（親）と[タスク]テーブル（子）の関係ように、1つの親レコードに対して、複数の子レコードが紐づいている。これが、「1対多」のリレーションということです。

連鎖削除

　ここで、[Is a part of]の「連鎖削除」の機能について、実際にアプリの挙動で確認してみましょう。

　アプリのプレビュー画面で、[プロジェクト]ビューを選択し、[バーベキュー]のレコードの🗑（Delete）ボタンをクリックして、このレコードを削除してください。

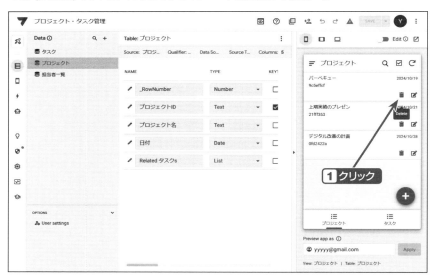

■ SECTION-020 ■ Viewの設定

この後、スプレッドシートの[プロジェクト]シートを確認してください。[バーベキュー]に該当するレコードが削除されていることが確認できます。

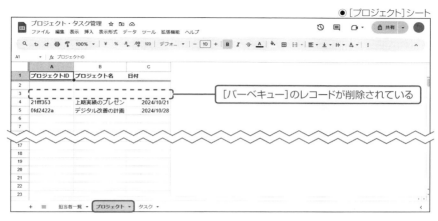

●[プロジェクト]シート

[バーベキュー]のレコードが削除されている

次に、[タスク]シートを確認してください。ここで、[バーベキュー]レコード（親）に紐づくレコードが、すべて削除されていることが確認できるはずです。

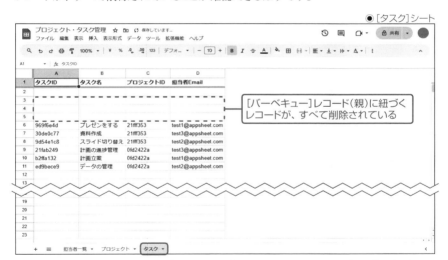

●[タスク]シート

[バーベキュー]レコード（親）に紐づくレコードが、すべて削除されている

このように、「連鎖削除」とは、親レコードが削除されたら、子レコードも一緒に削除される、ということです。

[Is a part of]とは、完全な親子関係を意味し、「親レコードが存在して、初めて子レコードも存在する」とお伝えしていました。これは逆に言うと、「親レコードが存在しないなら、子レコードも存在しない」という意味になります。

■ SECTION-020 ■ Viewの設定

　先ほど削除した[バーベキュー]プロジェクトの例なら、そもそも「バーベキューをする」という計画自体がなくなったのであれば、それに属する「買い出し」、「食材を切る」、「食材を焼く」などのタスクは、やる意味がありません。したがって、親レコードであるプロジェクトが削除されたと同時に、それに紐づく子レコード、つまりタスクが自動削除されたのです。

　このように、[Is a part of]には、親レコードを削除すると、子レコードも「連鎖削除」するという機能を備えていますので、テーブルの関係性をよく見極めて設定しなければいけません。

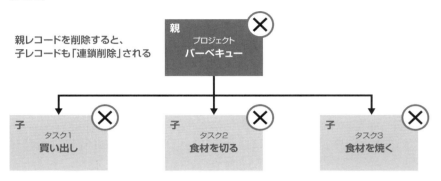

Refの利用

　ここからは、さらに[Ref]のメリットを説明するため、削除した[バーベキュー]プロジェクトを復活させておきましょう。データの内容を覚えていない場合は、本書の図と同じようにスプレッドシートに入力して、アプリを同期させてください。

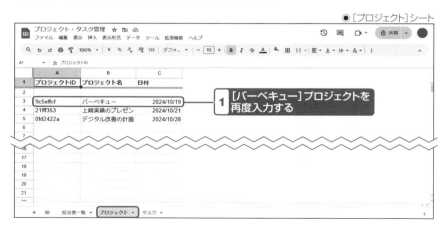

●[プロジェクト]シート

164

■ SECTION-020 ■ Viewの設定

● [タスク]シート

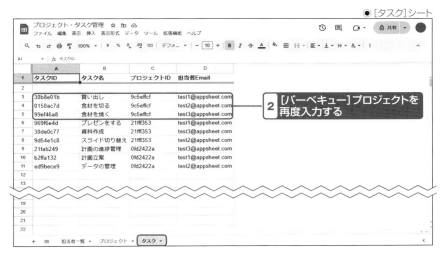

▶間接参照

まず、[Ref]を利用した強力な機能の1つ、「間接参照」(英語：DeReference)をご紹介します。これは、参照元テーブル(子)から、参照先テーブル(親)の列情報をキーカラムを辿って取得する方法です。

実際にアプリの挙動で確認してみましょう。

❶ バーチャルカラムの作成

[Data]セクションで[タスク]テーブルを選択し、ここでバーチャルカラムを作成します。ここでバーチャルカラムが初めて登場しましたが、これは、スプレッドシートなどのデータソースに実際に存在する列ではなく、アプリ内だけで仮想的に作成できるカラムです。右上の[+]ボタンをクリックします。

■ SECTION-020 ■ Viewの設定

2 「間接参照」式の入力とTest

次の図に示す通りにバーチャルカラムを作成してください。［App formura］の式エディタを起動してInsertで式を入力後、Test🗗（Test）をクリックします。新たなブラウザタブが開き、［タスク］テーブルの各レコードでの式の結果が表示されます。

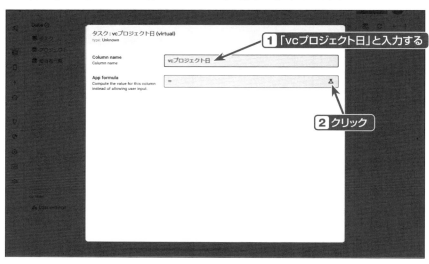

■ SECTION-020 ■ Viewの設定

このTest結果で表示されている値は、参照先テーブルである[プロジェクト]テーブルの親レコードの[日付]の値になっていることが確認できるはずです。ここまで確認できたら、Testのタブを閉じます。

3 バーチャルカラムのカラムタイプの設定

[Expression Assistant]の[Save]ボタンをクリックします。カラムエディタに新たに設定項目が追加されました。[Type]が[Date]になっていることを確認してください。別の値が入っている場合は、[Date]に変更します。続けて[Done]ボタンをクリックしてカラムエディタを閉じます。最後にエディタ画面の[SAVE]ボタンをクリックして保存してください。

167

■ SECTION-020 ■ Viewの設定

168

4 バーチャルカラムの動作確認

次に、アプリでのバーチャルカラムの動作を確認しましょう。プレビュー画面で、[タスク]ビューを選択し、表示されているレコードをいくつかをクリックして、[Detail]ビューを表示します。各[Detail]ビューで[vcプロジェクト日]が表示されているのが確認できます。

■ SECTION-020 ■ Viewの設定

　ここでは、[バーベキュー]レコードを例に「間接参照」の仕掛けを解説します。プロジェクトは「バーベキュー」、タスクは「食材を切る」でした。

　これをスプレッドシート上で確認しましょう。

　[タスク]シートで、該当の「食材を切る」レコードの[プロジェクトID]を確認すると、「9c5effcf」が取得できます。

　この値は、[プロジェクト]テーブルのキーを示しているので、[プロジェクト]シートでこの値を探すと、該当するレコードは1行しかなく、このレコードを辿っていくと[日付]が「2024/10/19」であることがわかります。このようにして、「間接参照」とは、参照元テーブル（子）から、参照先テーブル（親）の列情報をキーカラムを辿って取得する手法になります。Excelの「VLOOKUP関数」とほぼ同じ働きをするものと認識していただいて構いません。

　さらに、AppSheetでは、先ほど紹介した「間接参照」とは逆、つまり、参照先テーブル（親）から、紐づいている参照元テーブル（子）の列情報を取得することも可能です。これが次に説明する「逆参照リスト」です。

▶逆参照リスト

ここからは、参照先テーブル（親）から、紐づいている参照元テーブル（子）のレコードを取得する方法を説明します。

1 [Related ○○]の式を確認

[Data]セクションの[プロジェクト]テーブルを選択し、ここでは、ひとまず[Related タスクs]のカラムエディタを開き、内容を確認しておきましょう。ここの[App Formula]には、次の式が入力されており、これは、[タスク]テーブルから[プロジェクトID]カラムによって、参照されていることを意味しているのでした。Test ☑ (Test)をクリックします。

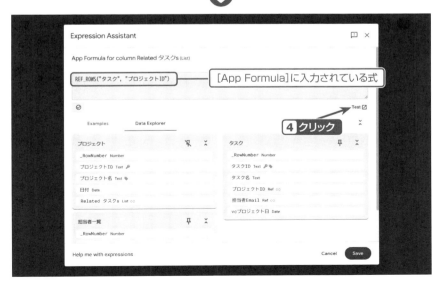

■ SECTION-020 ■ Viewの設定

2 Test結果の確認

　新たなブラウザが開き、各プロジェクトレコードに属する[タスクID]の値、すなわち、子レコードのキーカラムが取得できていることが確認できます。わかりにくい場合は、スプレッドシートの[タスク]シートと見比べてみてください。[プロジェクトID]と各[タスクID]の関係が、スプレッドシートの[タスク]シートと合致していることを確認してください。確認できたら、このTestタブは閉じ、カラムエディタも[Cancel]をクリックしてください。

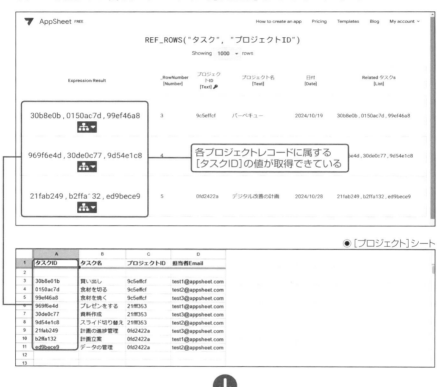

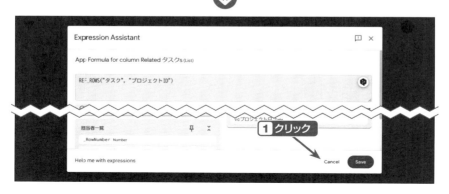

3 バーチャルカラムの作成

それでは、バーチャルカラムを作成します。次の画像のように設定し、[App Formula]の式エディタをクリックして起動します。

■ SECTION-020 ■ Viewの設定

4 逆参照リストを取得する式の入力

式エディタには、次のように入力します。必要に応じて、Data Explorerからカラムを Insertしてください。入力したら、Test ☑ (Test)をクリックして、式の結果を確認します。

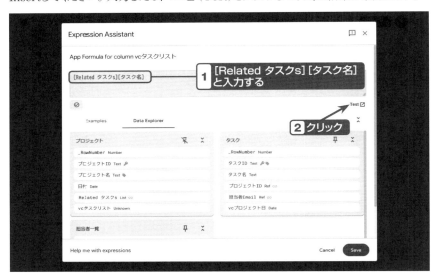

5 Test結果の確認

Test ☑ (Test)をクリックすると、新たなブラウザが開き、次の図の通り、各[プロジェクト]レコードに属する[タスク]レコードの[タスク名]の値が、「,」(カンマ)区切りで表示されています。再度、スプレッドシートの[プロジェクト]シートを確認し、次の図の[プロジェクトID]とそれに属する[タスク]レコードとの関係になっていることを確認してみてください。

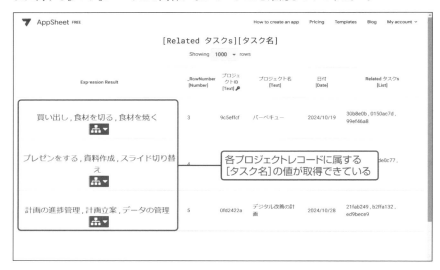

■ SECTION-020 ■ Viewの設定

◉ [プロジェクト]シート

	A	B	C	D
1	タスクID	タスク名	プロジェクトID	担当者Email
2				
3	30b8e01b	買い出し	9c5effcf	test1@appsheet.com
4	0150ac7d	食材を切る	9c5effcf	test2@appsheet.com
5	99ef46a8	食材を焼く	9c5effcf	test3@appsheet.com
6	969f6e4d	プレゼンをする	21fff353	test1@appsheet.com
7	30de0c77	資料作成	21fff353	test3@appsheet.com
8	9d54e1c8	スライド切り替え	21fff353	
9	21fab249	計画の進捗管理	0fd2422a	test3@appsheet.com
10	b2ffa132	計画立案	0fd2422a	test1@appsheet.com
11	ed9bece9	データの管理	0fd2422a	test2@appsheet.com

6 確認後の処置

ここまで確認できたら、このバーチャルカラムはこのアプリでは特に使用しませんので、[Cancel]をクリックし、画面が戻ったら[Delete]ボタンをクリックしてください。

[1 クリック]

■ SECTION-020 ■ Viewの設定

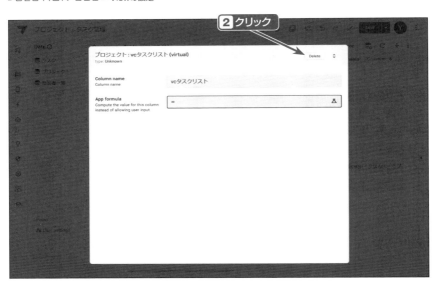

リレーションとは

　ここまで見てきたように、テーブル間のリレーションを適切に構築し、互いのテーブルを関連づけることで、実際のデータソース（本件の場合はスプレッドシート内の各シート）には、必要最小限の列情報しかなくても、効率良く、関連データを表示することが可能になっていました。これは、データの省エネ化にもなっています。また、ここまで見てきたように、バーチャルカラムなどを作成して、データが複数のテーブルにわかれていても、アプリ上では一元的にデータを表示することができていましたね。こうした工夫により、無駄な調べものなどをする事務作業も削減できるでしょう。これが「Ref」、すなわち「リレーション」の最大のメリットです。

　ただし、「無駄のないテーブル設計をする」「リレーションを適切に構築する」というのも、1つのスキルで、これができるようになるには、それなりの経験値が必要になります。最初は、アプリを何度も「作っては壊し」を繰り返し、学んでいくしかありません。

| ONEPOINT | 間接参照式と逆参照リスト式の構文 |

　間接参照式と逆参照リスト式の構文を示します。これらは、絶対に覚えておかなければいけない構文になります。

▶**間接参照の構文**

　［Refタイプのカラム］.［参照先テーブルのカラム］

▶**逆参照リストの構文**

　［Related 参照元テーブル名s］［参照元のカラム］

　次のURLは、間接参照と逆参照リストに関する公式ヘルプです。
　URL https://support.google.com/appsheet/answer/

| ONEPOINT | テーブル設計のコツ |

　AppSheetのようなRDBベースのシステムを開発する際に、最も重要な工程は、どのようなテーブルに、どのような列項目を作り、各テーブル間の関係（リレーション）をどのようにするのかをデザインすることです。なぜなら、これがアプリの根幹となるからです。

　この構造が歪な形をしている場合、どれほどアプリの中で、高度で複雑な機能を実装しようとも、まともに機能する確率は低いでしょう。むしろ、「無駄がなく、できるだけシンプルで、美しい」テーブル設計をしている方が、アプリ内でそれほど高度な技術を使っていなくても、やりたいことはたいてい実現できます。

　と言っても、本書の読者のほとんどがそうであるように、非エンジニアの方々にとって、そのような「美しい」テーブル設計は、最初から簡単にできるものではありません。ここでは、テーブル設計する際のコツを1つお伝えします。

テーブル設計のコツ：レコード同士の関係が「1対1」か「1対多」かを意識する
- レコード同士の関係が1行に対して複数の行が関係する場合は、原則として、テーブルを分けます。
- レコード同士の関係が1行に対して1行しか関係しない場合は、原則として、テーブルを分ける必要はありません。

SECTION-021

スライスの活用

　SECTION-20までは、Ref（リレーション）の説明をしてきましたが、ここからは、アプリの機能を強化する実装をしていきます。本アプリは、プロジェクト・タスク管理アプリなので、その目的は各プロジェクトに対するタスクの進捗を管理することです。この進捗管理をしやすいように、アプリを改変していきます。

▌Regenerate structureでカラム情報の再構築

　アプリの利便性をあげるために、テーブルに必要なカラムを追加します。ここでは、テーブルのカラムを追加・削除したい時に、データソース（ここではスプレッドシート）、およびアプリ側で、どのような処置をすればよいのかを説明します。

1 データソースに新たな列を追加

　スプレッドシートの［タスク］シートのE列に、図のように［状態］という列を追加してください。値には、「TRUE」または「FALSE」という文字列を半角大文字で入力してください。

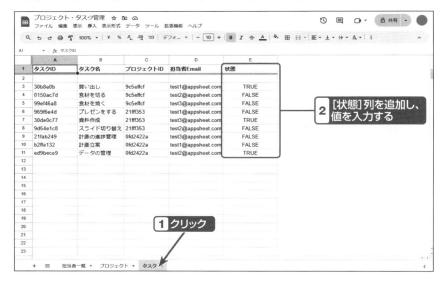

■ SECTION-021 ■ スライスの活用

2 アプリ側でカラム情報を同期する

アプリの[Data]セクションから[タスク]テーブルを選択します。データソースの列を追加や削除した場合、AppSheetのテーブルが、これを自動的に認識することはありません。[Regenerate structure]ボタンをクリックして、データソースを再接続し、新たな列情報を再構築させる必要があります。

■ SECTION-021 ■ スライスの活用

3 新たなカラムの設定

［状態］カラムが接続されるので、このカラムの ✏️（鉛筆マーク）をクリックして、カラムエディタを開き、図の通りに設定してください。［Yes/No display values］、［Intial values］はフラスコマークから式エディタを起動し、入力します。

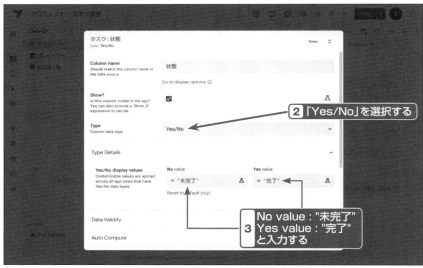

■ SECTION-021 ■ スライスの活用

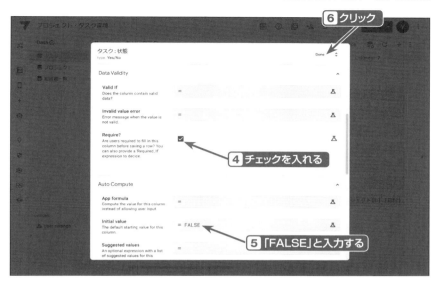

　Yes/Noタイプとは、ブーリアン型とも言い、「Yes(**TRUE**)」または「No(**FALSE**)」の二者択一を表すデータ型のことです。また、[Yes/No display values]には、[No value]に「**"未完了"**」、[Yes value]に「**"完了"**」と入力しましたが、これは、このカラムの実際の値が、Yes(**TRUE**)の場合、アプリ内では、Yesと表示する代わりに「完了」と表示され、カラムの実際の値が、No(**FALSE**)の場合は、Noと表示する代わりに「未完了」と表示されます。キーとラベルの関係に少し似ています。

■ SECTION-021 ■ スライスの活用

バーチャルカラムを作成

このアプリのテーブルには、現在Imageタイプのカラムがありません。アプリの機能としては、なくても特に困ることはないのですが、画像情報がないと、やはりアプリの出来栄えとしては少し寂しい印象になってしまいます。そこで、バーチャルカラムを利用して、現在既にテーブル内にあるカラムの値を利用して、仮想的にImageタイプのカラムを作成する方法をご紹介します。このバーチャルカラムは、後ほどビューで使用します。

1 バーチャルカラムの式エディタの起動

[Data]セクションから、[タスク]テーブルを選択し、[Add virtual column]をクリックします。

2 式とカラムタイプの設定（タスクテーブル[vcサムネイル]）

次の図のように設定してください。[App formula]はフラスコマークから式エディタを起動し、入力します。設定後、[Done]ボタンをクリックすると、「vcサムネイル」カラムが新しく作成されます。

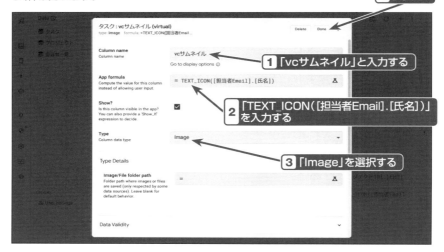

■ SECTION-021 ■ スライスの活用

「vcサムネイル」カラムが追加された

　ここで、[App formula]に記述した式「TEXT_ICON([担当者Email].[氏名])」を説明しておきましょう。

　まず、「[担当者Email].[氏名]」の部分では、間接参照により、参照先テーブル（ここでは、[担当者一覧]テーブル）のキーカラムを辿って、[氏名]カラムの値が取得できました。よって、「[担当者Email].[氏名]」の戻り値は、次のようになります。

- test1@appsheet.com　の場合　→　太郎
- test2@appsheet.com　の場合　→　花子
- test3@appsheet.com　の場合　→　ジロー

　さらに、「TEXT_ICON」という関数は、テキストからアイコンを作成できる関数です。最終的な「TEXT_ICON([担当者Email].[氏名])」の結果は、ビューの作成時に確認できます。

183

■ SECTION-021 ■ スライスの活用

3 バーチャルカラムの設定（プロジェクトテーブル[vc完了率]）

［プロジェクト］テーブルを選択し、ここでも、[Add virtual column]クリックして、図の通りにバーチャルカラムを作成してください。

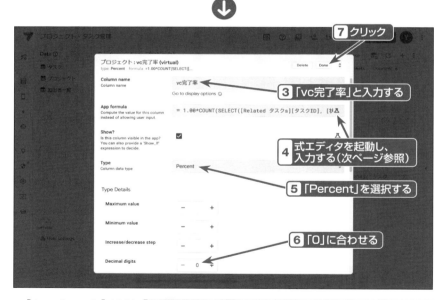

[App formula]には、「`1.00*COUNT(SELECT([Related タスクs][タスクID], [状態]))/COUNT([Related タスクs])`」という式を入力してください。

■ SECTION-021 ■ スライスの活用

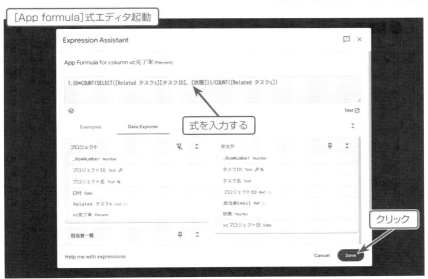

[Done]ボタンをクリック後、「vc完了率」カラムが新しく作成されます。

[App formula]に記述した式「1.00*COUNT(SELECT([Related タスクs][タスクID], [状態]))/COUNT([Related タスクs])」を説明しておきましょう。

この式では、各プロジェクトのタスクの中で完了しているタスクの数の割合を出すことで、完了率を計算しています。式の中に「/」がありますが、これは割り算の「÷」を意味します。まず、分母の「COUNT([Related タスクs])」の部分ですが、この式の結果は[タスク]テーブルで紐づいている子レコードの数を返します。今回の例なら、どのプロジェクトのレコードにもタスクは3つずつ紐づいているので、いずれのプロジェクトのレコードでも、結果は3になります。よく思い出せない人は、スプレッドシートの[タスク]シートを確認してみてください(178ページ参照)。

■ SECTION-021 ■ スライスの活用

さらに、分子の「COUNT(SELECT([Related タスクs][タスクID], [状態]))」の式ですが、SELECT関数という重要な関数が登場しています。

▶ SELECT関数

テーブルまたはスライスからレコードの抽出条件を指定して、特定のカラムの値をリストで取得する

- 戻り値のカラムタイプ：List

- 構文：SELECT(テーブル名[取得したいカラム名], レコードの抽出条件, 重複の有無)
    - テーブル名[取得したいカラム名] … 検索対象のテーブルまたはスライスと値を取得するカラム名。
    - 行の選択 … Yes/Noを返す条件式。テーブルまたはスライスの各レコードで評価され、「TRUE」または「FALSE」を返す。評価結果が「TRUE」のレコードが抽出対象の行となる。
    - 重複の有無 … Yes/Noで記述。「FALSE」を設定すると抽出されたレコード値が重複ありで取得される。「TRUE」に設定すると重複する値を除外する。指定しなければ、「FALSE」と想定される（通常は、この引数を省略して使用することが多い）。

構文の説明を読んでも、ちょっと難しいですね。実際にここで記述した式を見てみましょう。

```
SELECT([Related タスクs][タスクID], [状態])
```

ここでは、少し特殊な書き方をしているのですが、「[Related タスクs][タスクID]」が取得するターゲットのカラムになります。この式では、紐づいている[タスク]テーブルの「[タスクID]」が取得できました。さらに、このカラムの取得条件が、「[状態]」です。カラム名しか指定していませんが、これは[状態]=TRUEの意味です。「=TRUE」は省略できるので、このような書き方になっています。要するに、この式の意味は、「紐づいている[タスク]テーブルの子レコードで、「[状態]」の値がTRUEのレコードを抽出し、そのレコードの「[タスクID]」を取得することになります。この時のカラムタイプはListタイプです。

さらに、この式の結果をCOUNT関数でネストしているので、結局はレコード数を返すことになります。

```
COUNT(SELECT([Related タスクs][タスクID], [状態]))   …   #1
```

また、スプレッドシートを確認すると、現時点では、各プロジェクトで[状態]が「TRUE」のレコードは1つずつですから、#1の結果は次になります。

- プロジェクトID：9c5effcf（バーベキュー） … 1
- プロジェクトID：21fff353（上期実績のプレゼン） … 1
- プロジェクトID：0fd2422a（デジタル改善の計画） … 1

そして、最後に1.00*COUNT(SELECT([Related タスクs][タスクID], [状態]))/COUNT([Related タスクs])と、1.00をかけています。これは小数点以下を計算させるために必要な処理だとお考えください。

HINT
SELECT関数はAppSheetの関数で最も重要な関数です。
筆者のYouTubeチャンネルでも、SELECT関数の説明動画をアップしています。
　URL https://youtu.be/yywsZjFnijA

AppSheet公式ヘルプのドキュメント
　URL https://support.google.com/appsheet/answer/10108207?hl=
　　　　　　　ja&sjid=1901663945658537478-AP

▮ スライスの作成

AppSheetには、「スライス」という便利な機能があります。これは、いわば仮想的なテーブルで、スプレッドシートのシートのように実態は存在しませんが、アプリ内であたかもテーブルがあるかのように使用することができます。スライスでは、元のテーブルから特定のカラムやレコードだけを表示することができます。また、各スライスごとに編集権限（Add、Update、Delete）やAction操作を設定することができます。この点は、後ほど説明します。言葉での説明だけではわかりにくいので、早速実装してみましょう。

■ SECTION-021 ■ スライスの活用

1 スライスの作成

［Data］セクションから［タスク］テーブルの横の「＋」マーク（Add Slice to filter data）をクリックし、表示されたウィンドウから［Create a new slice for タスク］ボタンをクリックします。

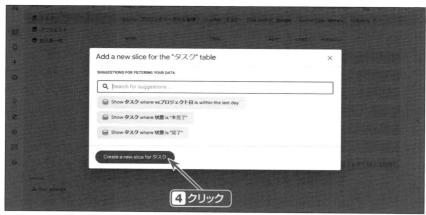

2 スライスの設定

スライスを次の図の通りに設定します。[Row filter condition]欄をクリックすると、プルダウンリストが表示されるので[Create a new expression]をクリックします。

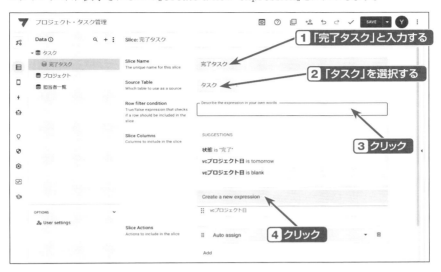

3 式の入力

Expression Assistantが起動します。次の図の通りに式をInsertし、[Save]ボタンをクリックします。この式エディタには、単に「**[状態]**」とだけ入力しましたが、実はこれは[状態]=TRUEと同じ意味です。「**=TRUE**」は省略可能です。この式により、[タスク]テーブルの[状態]カラムの値が「TRUE」のレコードだけが抽出されます。

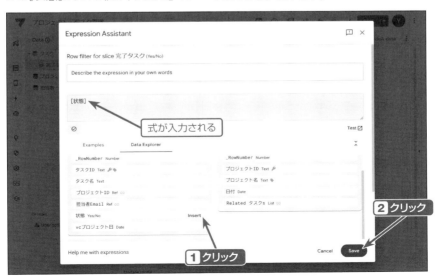

4 スライスの編集権限とActionの設定

[Slice Columns]は、デフォルトのままにします。こうすることで、すべてのカラムが表示対象となります。[Slice Actions]に[Auto assign]にすることで、基本的には、元のテーブル(この場合は、[タスク]テーブル)で作成したActionが使用できます。(Actionについては、後ほど説明します)[Update mode]は、CHAPTER-03で説明した、[Table settings]の[Are you update]と同じで、このスライスに対する編集権限です。ここでは、すべての編集権限を許可しておきます。最後に[SAVE]ボタンをクリックして保存します。

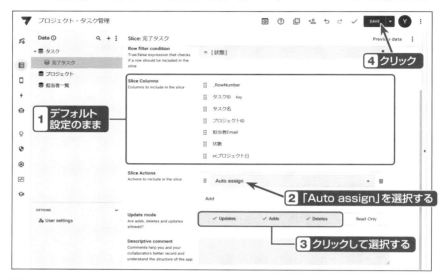

5 スライスの複製

[完了タスク]スライスが作成できたら、[タスク]テーブルの階下に「完了タスク」と表示されますので、さらにこの ⋮ (3点マーク)をクリックして、[Duplicate]をクリックします。

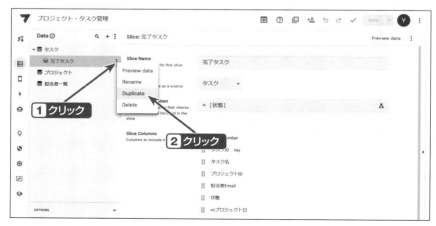

6 「未完了タスク」スライスの作成

「完了タスク 2」というスライスが作成されるので、これを次の図のように変更します。[Row filter condition]は[完了タスク]スライス同様に式を設定してください。変更後、[SAVE]ボタンをクリックして保存してください。

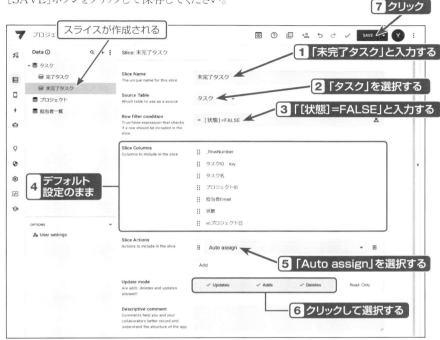

これでスライスが作成できました。

▌▌▌スライスからビューを作成する

スライスが作成できたら、ビューの作成に移ります。ビューは、1つのテーブル、または1つのスライスを対象データとして作成することができます。早速、先ほど作成したスライスを対象データにして、ビューを作成していきたいところですが、その前に1つだけ説明しておきたいことがあります。「SYSTEM GENERATED」の[タスク]テーブルの階下に、新たに[タスク_Inline]というビューが作成されていることにお気づきになったでしょうか?この[○○_Inline]というビューは、[Ref]タイプのカラムがあるテーブルで自動生成されることになっています。

■ SECTION-021 ■ スライスの活用

　[プロジェクト_]ビューのレコードを何か1つクリックして、[Detail]ビューを表示してください。この中の[Relatedタスクs]というところに、この[プロジェクト]レコードに紐づいた複数のタスクレコードが表形式で表示されています。実は、この子レコードを表示させるためのビューが[タスク_Inline]なのです。

■ SECTION-021 ■ スライスの活用

「Ref」タイプのカラムがあるということは、参照先テーブル（親テーブル）があるということです。［Ref］カラムがあるテーブルは、親レコードの子レコードとなり得るので、このような［○○_inline］ビューが自動的に生成されるのです。

ちなみに、［タスク_Inline］の［View type］が［table］に設定されているため、［Relatedタスクs］は表形式になっていますが、これを違う［View type］に変更すれば、表形式以外の見た目に変更できます。本書では、このまま［table］タイプに設定しておきます。

▶完了タスクビューと未完了タスクビューの作成

それでは、ここから改めてスライスからビューを作成していきます。

1 REFERENCE VIEWSの作成

［REFERENCE VIEWS］の横の「+」マークをクリックして、表示されたウィンドウから［Create a new new view］ボタンをクリックします。

■ SECTION-021 ■ スライスの活用

2 [完了タスク]ビューの作成

次の図の通りにビューを作成してください。[Display name]については、フラスコマークをクリックし、起動した式エディタから、式を設定します。指示した部分以外はデフォルトの状態にしておいてください。設定後、[SAVE]ボタンをクリックして保存します。

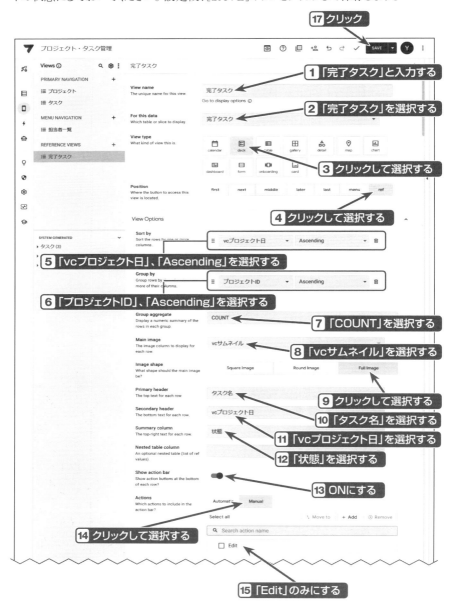

■ SECTION-021 ■ スライスの活用

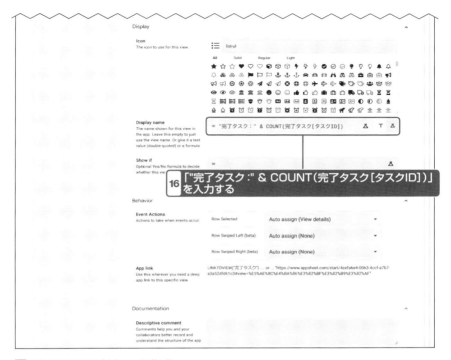

3 [未完了タスク]ビューの作成

同様の手順で、[未完了タスク]ビューも作成し、次の図の通りに作成してください。設定後、[SAVE]をクリックして保存します。

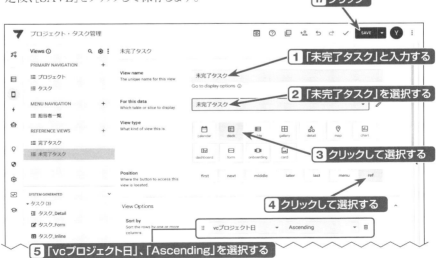

■ SECTION-021 ■ スライスの活用

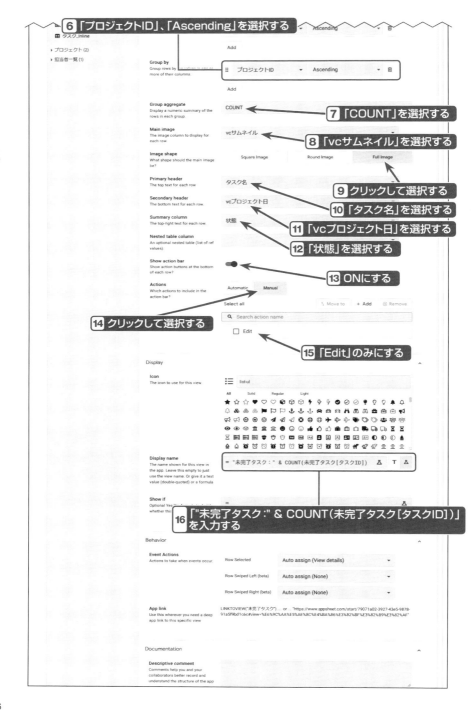

■ SECTION-021 ■ スライスの活用

4 作成したビューの確認

［完了タスク］ビュー、［未完了タスク］ビューで「Show in Preview」をクリックし、プレビュー画面が次の図のようになっていれば問題ありません。

●［完了タスク］ビュー、

●［未完了タスク］ビュー

04 効果的なデータ構造の作り方

197

■ SECTION-021 ■ スライスの活用

> **ONEPOINT** Display nameの式の結果
>
> 　[完了タスク]ビューと[未完了タスク]ビューのDisplay nameで記述した式について解説します。ここでは[完了タスク]ビューを取り上げて説明します。
> ▶[完了タスク]ビューのDisplay nameの式
> ●"完了タスク:" & COUNT(完了タスク[タスクID])
> ❶次の式で、「完了タスク」スライスの[タスクID]のレコード数を返します。
> 式：COUNT(完了タスク[タスクID])
> 戻り値：3
>
> ❷続いて、❶に「完了タスク:」を&結合して、次の結果となります。
> 式:"完了タスク:" & COUNT(完了タスク[タスクID])
> 戻り値:完了タスク:3

▶ダッシュボードビューの作成

　[PRIMARY NAVIGATION]横の「+」ボタンをクリックして、次の図で示すビューを作成してください。指示した部分以外はデフォルトの状態にしておいてください。設定後、[SAVE]ボタンをクリックして保存します。

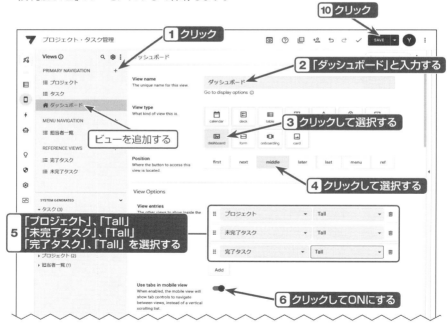

198

■ SECTION-021 ■ スライスの活用

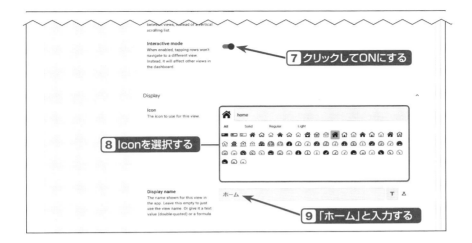

H I N T
CHAPTER-03で少し説明しましたが、ダッシュボードビューでは、1つの画面内に、複数のビューを入れ子にして表示することができます。

H I N T
[Use tabs in mobile view]がONの場合、スマホモードでは、各ビューをタブ形式で表示します。
[Interactive mode]がOFFの場合、リストタイプのビューでは、レコードクリック時に該当レコードの[Detail]ビューに遷移しますが、ONの場合は、[Detail]ビューに遷移しません。さらに、画面内のビューのテーブル間にRef(リレーション)関係がある時は、親レコードのクリック時に、子レコードを絞り込む機能があります。この点は、実装後の動作で確認しましょう。

■ SECTION-021 ■ スライスの活用

▶MENU NAVIGATIONビューの設定

[タスク]ビュー、[プロジェクト]ビュー、[担当者一覧]ビューの[Position]を[menu]にして、メニューバーに表示するように変更します。

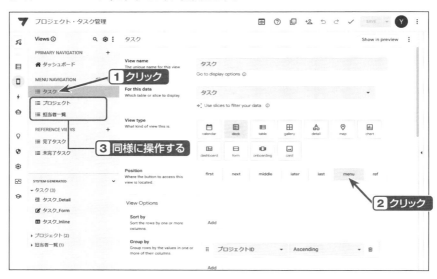

▶プロジェクトビューの修正

[MENU NAVIGATION]にある[プロジェクト]ビューを選択し、次の図の通りに、変更してください。[Layout]の設定をするには、次の表に示すカードの各該当箇所をクリックし、その際に表示される「Column to show」、「On Click」に、表示したいカラム、またはActionを設定することで実行します。指示した部分以外はデフォルトの状態にしておいてください。変更後、[Show in preview]ボタンをクリックし、図の通りの表示になっているか確認してください。

●Layoutの設定項目

該当項目	選択項目
Title goes here	プロジェクト名
Subtitle goes here	日付
画像部分	vc完了率
カード全体	Go to details
Action 1	Edit
Action 2	Delete
Action 3	None

■ SECTION-021 ■ スライスの活用

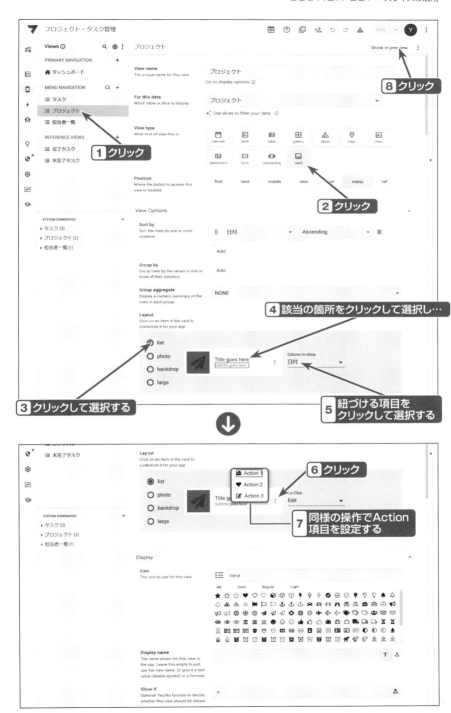

■ SECTION-021 ■ スライスの活用

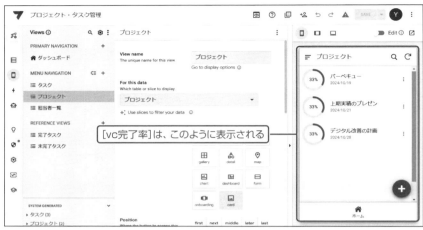

▶Starting viewの設定

[Settings]から[General]をクリックし、[Starting view]をダッシュボードに変更します。

ビューの動作確認

　ダッシュボードビューは、大きい画面で見た方が挙動がわかりやすいので、プレビュー画面の右上の[Open app in browser]をクリックして、新しくブラウザ画面を起動します。ここで新たに開かれたタブで、次のことが確認できると思います。[未完了タスク]ビューでは、「未完了タスク：6」と表示され、[完了タスク]ビューでは、「完了タスク：3」と表示されています。これは、それぞれのビューの設定で、[Display name]の式エディタに記述した式の結果になっています。（193ページの「完了タスクビューと未完了タスクビューの作成」を参照）

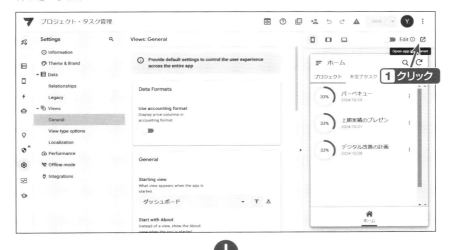

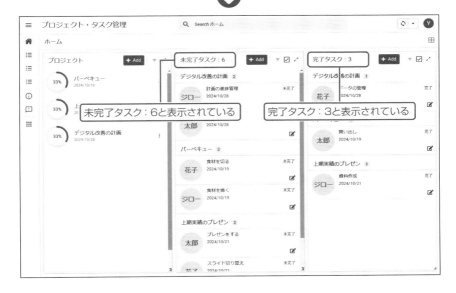

■ SECTION-021 ■ スライスの活用

　さらに、[プロジェクト]ビューの各レコードをクリックすると、その親レコードに紐づく子レコードだけが絞り込まれ、[未完了タスク]ビューと[完了タスク]ビューに表示されることが確認できます。これが、[ダッシュボード]ビューの設定で、[Interactive mode]をONにした効果です。(「ダッシュボードの作成」198ページ参照)

スライスとSYSTEM GENERATEDの関係

ここで、スライスを作成した時の[SYSTEM GENERATED]の挙動を説明します。

▶ダッシュボード内でプライマリ・アクションの表示

その前に、[Settings]から[View type options]をクリックし、[Dashboard View]の[Show primary actions in dashboards]のトグルをONにしてください。ここがOFFの状態では、ダッシュボードビュー内で、Addボタンなどのプライマリ・アクションが表示されませんが、ONにすることによって、これらのアクションボタンが表示できるようになります。ここは、SECTION-022「Action使ってみよう」で詳しく説明します。

次に、アプリのプレビュー画面の[ホーム]ビューの[未完了タスク]タブを選択してください。先ほどまでは表示されていなかった、[Add]ボタンが表示されていることが確認できるはずです。この[Add]ボタンをクリックしてみてください。

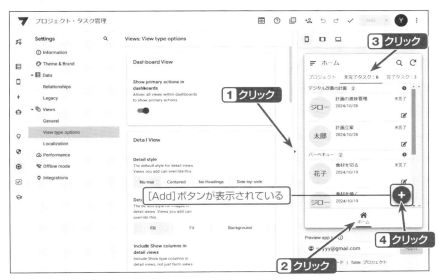

■ SECTION-021 ■ スライスの活用

すると、次の図のような画面に推移しますが、ここまで本書と同じようにアプリを作成された環境であれば、プレビュー画面の上部にビュー名は表示されていないと思います。

実は、このフォームビューは、[SYSTEM GENERATED]にある[タスク_Form]ではありません。では、このフォームビューは何のビューなのでしょうか? ここまで確認できたら、このフォーム画面は[Cancel]をクリックして閉じてください。

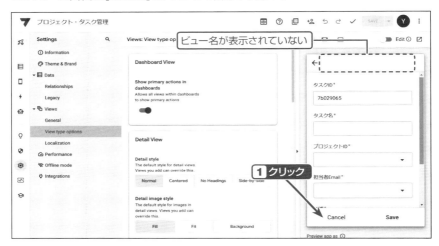

[View]セクションの[SYSTEM GENERATED]を確認してください。

ここまで本書と同じようにアプリを作成された方の環境であれば、次の図と同じで、[タスク]、[プロジェクト]、[担当者一覧]の3つのテーブル名だけが表示されているのではないかと思います。

■ SECTION-021 ■ スライスの活用

　先ほど表示したフォームビューは、ビュー名が不明でした。これは、[SYSTEM GENERATED]には作成されていないものの、[未完了タスク]スライスを対象データにしたフォームビューなのです。
　ここで、[未完了タスク]ビューと[完了タスク]ビューは、最初から、[Position]を[Ref]で作成していたことを思い出してください。ここが非常にややこしいところなのですが、スライスからビューを作成する場合、最初から[Refポジション]で自作すると、スライスの[SYSTEM GENERATED]は自動生成されないことになっているようです。この点は、言葉だけでは伝わりにくいと思うので、実際に手を動かして確認してみましょう。

▶スライスからSYSTEM GENERATEDを作成する

　そもそも、[SYSTEM GENERATED]は自動生成されるビューなのに、それを「作成する」というのもおかしな感じですが、次の手順を実行してみてください。

1 未完了タスクのSYSTEM GENERATEDビューの設定

　[未完了タスク]ビューを選択して、[Position]を[Ref]以外に設定し、[SAVE]をクリックします。本書の場合は、[Position]を[menu]にしています。そうすると、[SYSTEM GENERATED]に[未完了タスク]という項目が新たに追加され、この階下に[未完了タスク_Detail]と[未完了タスク_Form]が作成されたのが確認できるはずです。

207

■ SECTION-021 ■ スライスの活用

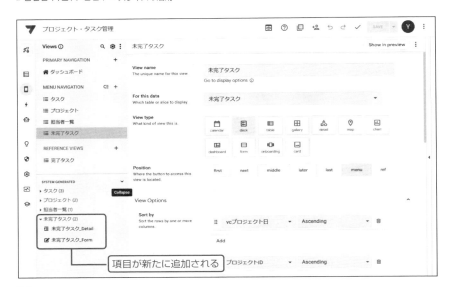

2 refの選択

ここまで確認できたら、[未完了タスク]ビューの[Position]は再度、[ref]に戻して、[SAVE]ボタンをクリックします。

■ SECTION-021 ■ スライスの活用

3 スライスを対象にしたSYSTEM GENERATED Viewを確認

再度、プレビュー画面で[ホーム]ビューの[未完了タスク]タブを選択し、[+]ボタンをクリックしてみてください。今度は、画面の上部に[未完了タスク_Form]と表示されているはずです。

■ SECTION-021 ■ スライスの活用

4 [未完了タスク_Form]の設定

[未完了タスク]ビューからのレコード追加と編集は、この[未完了タスク_Form]を使用することになりますので、次のようにビューの内容を設定しておきます。指示した部分以外はデフォルトの状態にしておいてください。

5 完了タスクのSYSTEM GENERATEDビューの作成

完了タスクの[SYSTEM GENERATED]ビューについても、「未完了タスクのSYSTEM GENERATEDの設定」と同様の手順で作成してください（207ページ参照）。作成後、[完了タスク_Form]をクリックし、次のように設定します。完成図だけを表示します。

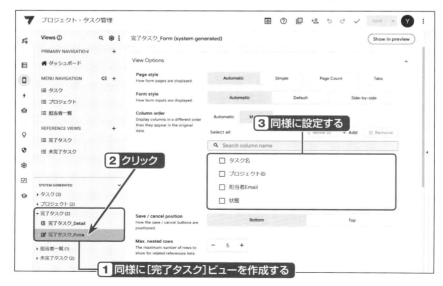

■ SECTION-021 ■ スライスの活用

> **HINT**
> スライスと[SYSTEM GENERATED]は、このように少し癖の強い部分があります。
> 次のURLは公式ヘルプのドキュメントになりますので、ご参照ください。
>
> ● ビューに関するAppSheet公式ヘルプ
>   **URL** https://support.google.com/appsheet/answer/10106516?hl=
>   en&sjid=5716953941564059933-AP

04 効果的なデータ構造の作り方

211

SECTION-022

Actionを使ってみよう

ここまでの実装で、かなりアプリらしくなったと思います。ここでアプリの動作を確認しておきましょう。

▌アプリの動作確認

［Open app in browser］からアプリ画面を開きます。［ホーム］ビューを表示し、［未完了タスク］ビューで、「デジタル改善の計画」の「計画立案」レコードの「edit」をクリックします。［状態］を「完了」に変更し、［Save］ボタンをクリックします。「デジタル改善の計画」の「計画立案」レコードが［完了タスク］ビューへ移動したはずです。

■ SECTION-022 ■ Actionを使ってみよう

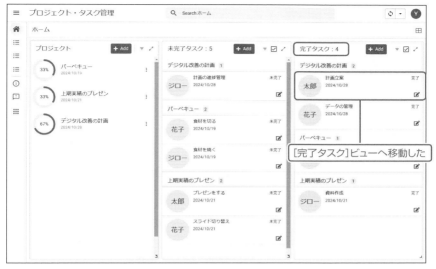

[完了タスク]ビューへ移動した

　図の通りの動作になったのであれば、想定通りに実装できています。あと少し、ユーザーにとってより使いやすくアプリをアップデートしてみたいと思います。

Actionとは

　先ほど、[状態]カラムの値を「完了」に変更するために、わざわざフォームを開いて、「未完了」から「完了」へ選択肢を変更しました。この操作は、アクションを使えば、1クリックで実行することができます。前操作で開いたブラウザのタブは、いったん閉じておいてください。

　Actionsのセクションを移ります。

　Action（以降アクション）とは、ビューの移動、データ変更、外部リンクを開くなどの操作を作成できる機能です。アクションは、必ず1つのテーブルを対象に作成されます。次の図を見るとわかる通り、アクションもビューと同様に、テーブルの編集権限（Are you update?）やテーブルで設定されたカラムタイプによって、システム側で自動的に生成されるアクションがあります。例えば、テーブルに、Add、Update、Deleteとすべての編集権限を許可した場合は、「タスクテーブル」の階下と「プロジェクトテーブル」の階下にあるアクションがそうであるように、Add、Edit、Deleteというアクションが自動的に生成されています。また、[View Ref xxx]というアクションは、Refタイプのカラムがあるテーブルで自動生成され、[Compose Email]アクションは、[Email]タイプのカラムがあるテーブルで自動生成されます。

213

■ SECTION-022 ■ Actionを使ってみよう

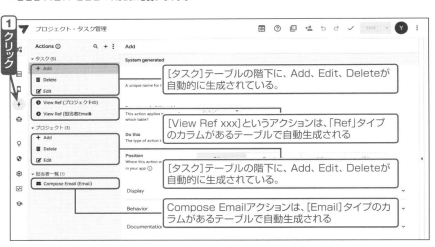

HINT
筆者は、テーブルとアクションの関係についての詳しい説明をYouTube動画でも解説しています。適宜、こちらもご覧になってください。
URL https://youtu.be/Xl1UwjDJ6yl

Actionの作成

それでは、目的のActionを作成していきましょう。

1 新規アクションの起動

対象のテーブルは[タスク]ですので、[Actions]に表示されている[タスク]にカーソルを近づけると、[Add Action]という[+]マークが表示されるので、これをクリックします。表示されたウィンドウから[Create a new action for タスク]ボタンをクリックします。

214

■ SECTION-022 ■ Actionを使ってみよう

2 アクションの設定

次の図の通りに設定してください。指示されたところ以外は、デフォルトの状態にしておいてください。

[Set these columns]、[Display name]、[Confirmation Message]については、フラスコマークをクリックして式エディタを起動し、次の表に記した式を入力してください。式を入力後、[Save]ボタンをクリックして式エディタを閉じます。すべて設定後、画面上部の[SAVE]ボタンをクリックして保存します。

項目	入力する式
Set these columns	IF([状態], FALSE, TRUE)
Display name	IF([状態],"未完了にする","完了にする")
Confirmation Message	IF([状態],"未完了にしますか？","完了にしますか？")

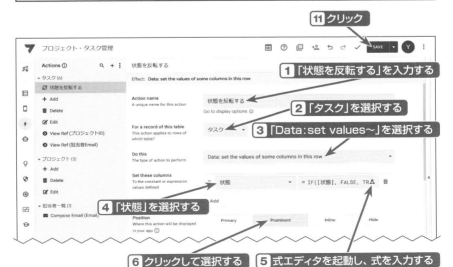

215

■ SECTION-022 ■ Actionを使ってみよう

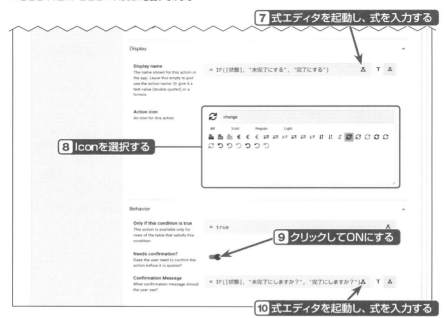

設定したアクションの説明

先ほど設定したアクションを説明します。[Action name]と[For a record of this table]については、明らかなので省略します。

▶Do this

次の[Do this]では、実行するアクションの種類を決定します。[Do this]では、次の図に示した通り、色々な種類のアクションを設定できます。本書では、これらすべてを説明することはしません。ここで設定したアクションは[Data:set the values of some columns in this row]、和訳すると「この行のいくつかの列の値を設定する」です。

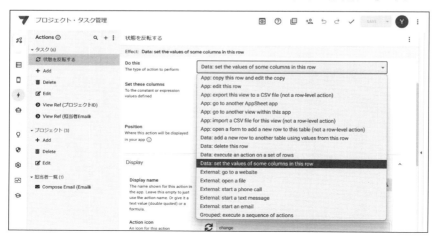

■ SECTION-022 ■ Actionを使ってみよう

　実行するアクションをこちらに設定したために、次の[Set these columns]では、対象のカラム（列）に[状態]、設定する値を式で設定したわけです。ここで設定した式には、IF関数を使いました。
　IF関数の構文は次のように、条件が「TRUE」と評価されるか、「FALSE」と評価されるかに基づいて、結果を返します。

> IF(条件, then 条件の結果がTRUEの時の処理, else 条件の結果がFALSEの時の処理)

　ここで入力した式、「IF([状態], FALSE, TRUE)」の意味は、[状態]がTRUE（完了）だったらFALSE（未完了）、TRUEでなければTRUEにする、という意味です。

▶Positionについて

　[Position]は、アクションボタンを表示する場所です。それぞれの[Position]を設定した時の例を図で示します。
　次の図の[Primary]のアクションボタンの位置は、モバイルモードの時のみに適用され、デスクトップモードでは、画面上部に表示されます。

◉Primaryのアクションボタンの位置

217

■ SECTION-022 ■ Actionを使ってみよう

　[SYSTEM GENERATED]の[Delete]アクションの場合のProminentのアクションボタン（ゴミ箱マーク）の位置は画面上部に表示されます。ただし、自作アクションでは、Prominentのアクションは[Details]ビュー内の上部に表示されます。

● Prominentのアクションボタンの位置（ゴミ箱マーク）

　Inlineのアクションボタンの位置は、[プロジェクトID]の「デジタル改善の計画」、[担当者Email]の「ジロー」の横に表示されます。

● Inlineのアクションボタンの位置

HINT
Positionを「Hide」にした場合は、アプリ内でユーザーに見えるところには、表示されません。

▶Display name

[Display name]にも、IF関数式「**IF([状態], "未完了にする", "完了にする")**」を入力しました。

式の意味については省略します。[Display name]に入力すると、実際のアクション名ではなく、こちらに入力した結果をアプリのアクションボタンに表示します。

▶Needs confirmation?とConfirmation Message

[Needs confirmation?]をONにすると、アクション実行前に、実行の確認メッセージが表示されます。[Confirmation Message]に入力すると、その入力した内容が確認メッセージとして表示されます。

■ アクションをデッキビューに設定する

続けて、ビューの設定に移ります。[完了タスク]ビュー、[未完了タスク]ビューのActionsで「状態を反転する」アクションを追加し、[SAVE]ボタンをクリックして保存します。

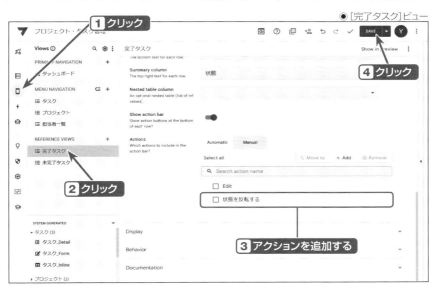

●[完了タスク]ビュー

■ SECTION-022 ■ Actionを使ってみよう

●[未完了タスク]ビュー

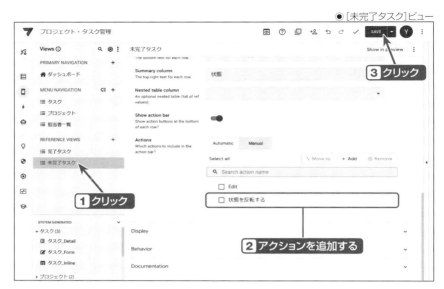

[Open app browser]をクリックして、ブラウザ画面でアプリを開き、次の図のように、[ホーム]ビュー内の[未完了タスク]ビューと[完了タスク]ビューに「状態を反転する」アクションが表示されていれば成功です。

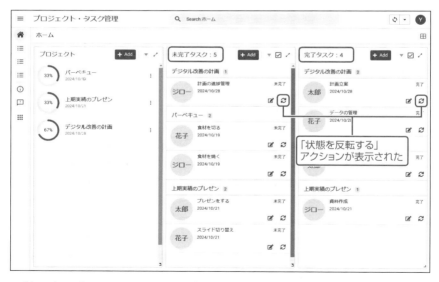

もし、インラインにアクションボタンが表示されていない場合は、[完了タスク]スライスと[未完了タスク]スライスの[Slice Actions]が[Auto assign]になっているか確認してください。

■ SECTION-022 ■ Actionを使ってみよう

■ アクションの動作確認

アクションの動作確認をしましょう。

1 完了タスクを未完了にする

次の画像のように、[完了タスク]ビューにあるレコードをどれか選んで、アクションボタンにカーソルを近づけてみてください。ここで「未完了にする」と表示されていればOKです。これは、アクション内で設定した[Display name]のIF関数が効いています。これを確認したら、ボタンをクリックしてアクションを実行してみてください。

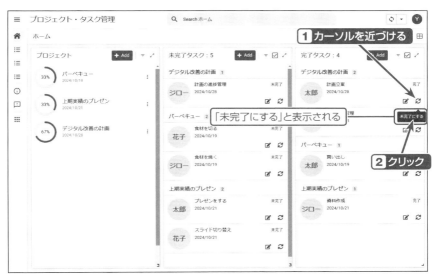

■ SECTION-022 ■ Actionを使ってみよう

2 未完了タスクを完了にする

　アクションを実行したレコードが、[未完了タスク]ビュー内に移動していれば成功です。さらに、[未完了タスク]ビュー内のレコードのアクションボタンにカーソルを近づけてください。この時に「完了にする」と表示されるはずです。そのまま、アクションを実行してください。

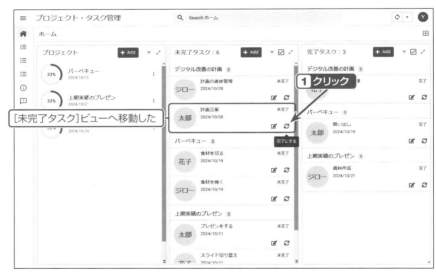

■ SECTION-022 ■ Actionを使ってみよう

[完了タスク]ビューへ移動した

1クリックで、完了と未完了が変更できるようになり、これでだいぶユーザーの使いやすさは向上したのではないかと思います。このブラウザ画面のタブは、再度閉じておきましょう。

フォーマットルールの活用

次に、アプリの視認性を上げます。

1 フォーマットルールへアクセス

[App]アイコンにカーソルを近づけると、[Views]と[Format rules]が表示されるので、[Format rules]をクリックしてください。[Add Format Rule]ボタンをクリックします。

1 カーソルを合わせる
2 クリック

■ SECTION-022 ■ Actionを使ってみよう

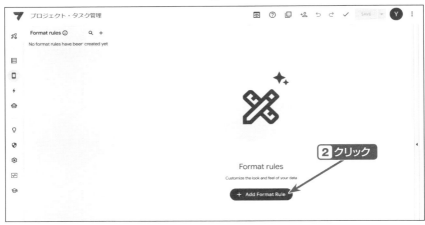

2 「完了」フォーマットルールの作成

[Add a new format rules]から[Create a new format rule]ボタンをクリックし、次の図のように設定します。指示されたところ以外は、デフォルトの状態にしておいてください。

[If this condition is true]は、フラスコマークをクリックして、式エディタを起動し、「**[状態]**」と入力してください。これで[状態]=TRUEの意味になります(**=TRUE**は省略可能なため)。式を入力後、[Save]ボタンをクリックし、ルール設定へ戻ります。

設定ができたら、[SAVE]ボタンをクリックし保存します。

■ SECTION-022 ■ Actionを使ってみよう

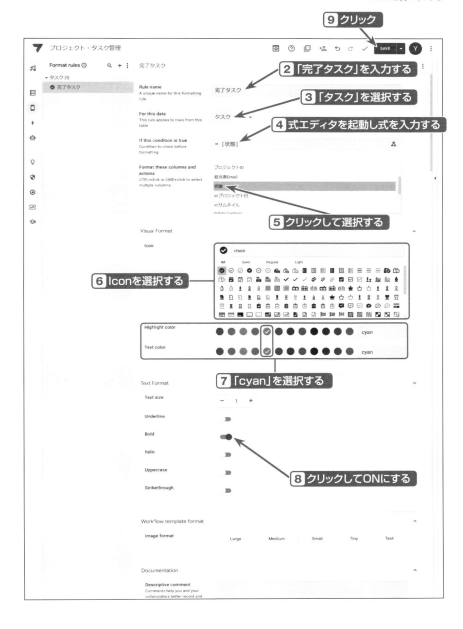

04 効果的なデータ構造の作り方

■ SECTION-022 ■ Actionを使ってみよう

3 「未完了」フォーマットルールの作成

続いて、作成した[完了タスク]ルールをDuplicateするなどして、[未完了タスク]ルールも作成してください。次の図のように設定してください。設定ができたら、[SAVE]ボタンをクリックし保存します。

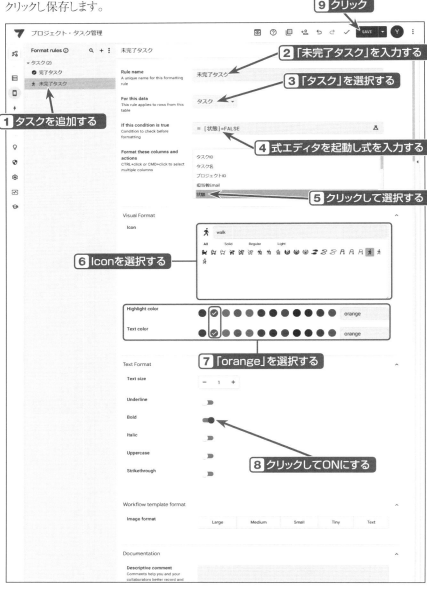

4 フォーマットルールの適用の確認

［Open in app browser］をクリックして、ブラウザ画面で表示し、次の図のようになっていれば問題ありません。

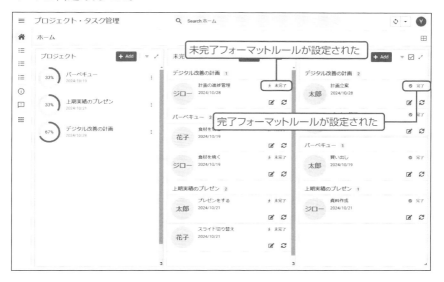

担当者一覧でもRefの効果を確認

［担当者一覧］でもRefの効果があります。それを確認する前に、少しだけ作業しておきましょう。［Views］セクションに移ります。

▶タスク_Inlineの編集

すでに説明した通り、［タスク_Inline］は親レコードの［Detail］ビューで表示されます。次の図の通りに設定して整えておきましょう。設定ができたら、［SAVE］ボタンをクリックし保存します。

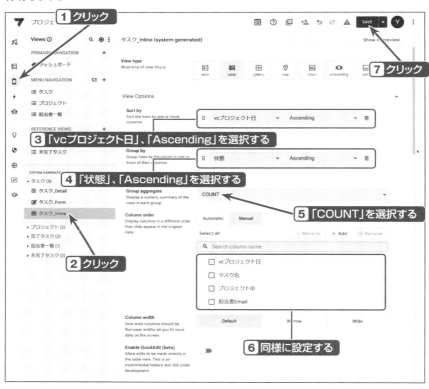

▶担当者一覧_Detailの編集

　［担当者一覧_Detaill］は、次の図の通りに設定します。設定ができたら、［SAVE］ボタンをクリックし保存します。

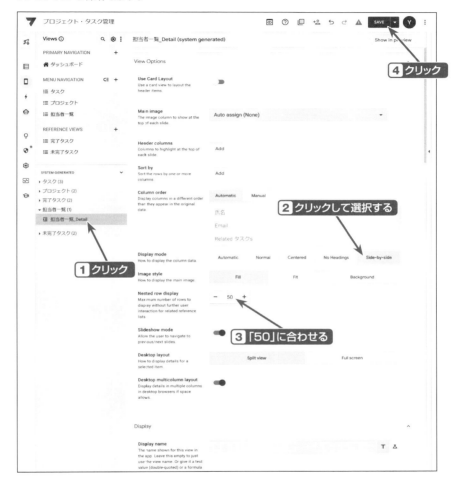

■ SECTION-022 ■ Actionを使ってみよう

▶動作確認

　それでは、[Open in app browser]をクリックして、ブラウザ画面でプレビューを表示します。ハンバーガーメニューをクリックして、ビュー名を表示し、[担当者一覧]を選択します。表示された[担当者一覧]ビューで、各担当者のレコードをクリックして、[担当者一覧]ビューで、各担当者のレコードをクリックすると、画面右側に、[Detail]ビューが表示されます。[Related タスクs]で、各担当者のタスクとその[状態]がわかります。

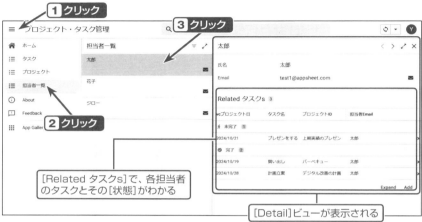

　この図でわかる通り、各担当者に割り当てられたタスクとそれらの進捗状態も一目でわかります。これもテーブル間にRef(リレーション)を構築した効果です。これで、誰のどのタスクの進捗が行き詰っているかもすぐわかりますね。

SECTION-023

Automationの活用

　Automationとは、イベント条件によって、特定のプロセスを自動的に実行できる機能です。

　例えば、「ピストルの音が鳴ったら、走り出す」のように、「あるテーブルのレコードが追加されたら（イベントトリガー）、メールを送信する（実行するプロセス）」などです。

　早速、実装してみましょう。今回は、AutomationでPDFファイルを自動的に作成するボットを作成します。

▮▮▮ トリガーで必要な処理を作成

　新カラムの追加をします。

❶ データソースに列を追加

　ここで、スプレッドシートの［プロジェクト］シートに、［PDF更新日時］という列を追加してください。

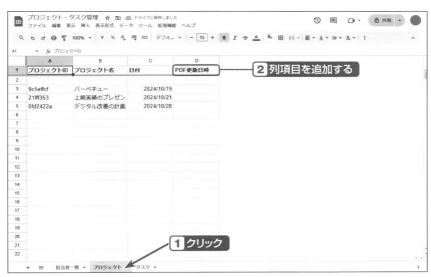

231

■ SECTION-023 ■ Automationの活用

2 アプリを同期させて新カラムを接続

アプリの[Data]セクションの[プロジェクト]テーブルを選択して、「Regenerate schema」をクリックします。

3 新カラムの設定

[PDF更新日時]が接続されたら、設定を以下図の通りにします。

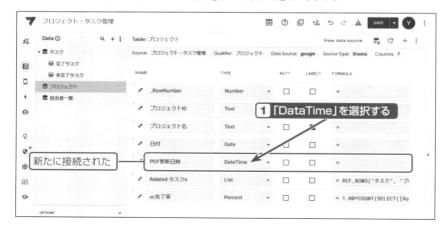

■ SECTION-023 ■ Automationの活用

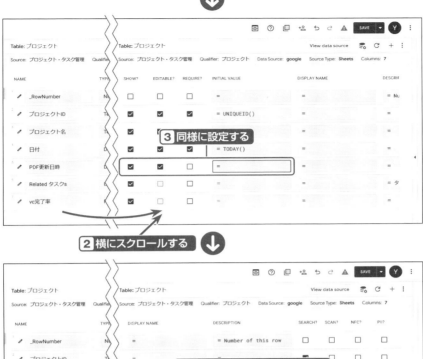

■ SECTION-023 ■ Automationの活用

▶Actionの設定

次に、[Action]に進み、[プロジェクト]アクション横の[+]ボタンからアクションを追加します。次の図の通りに設定してください。設定後、[SAVE]ボタンをクリックし保存します。この[Action]は、[Automaiton]で作成するボットをトリガーするための部品の一部の役割になります。ここで実装するボットは、[Action]と[Automation]の「合わせ技」になります。

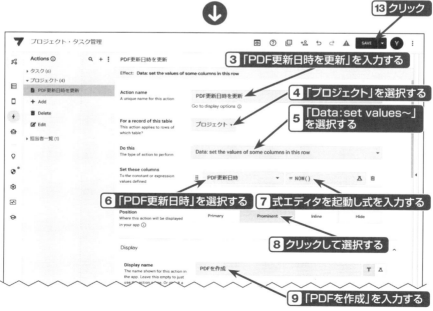

■ SECTION-023 ■ Automationの活用

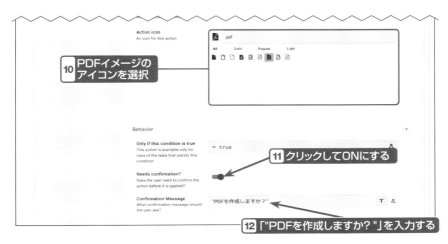

このアクションを実行すると、[プロジェクト]テーブルの[PDF更新日時]に現在の日時を入力することになります。

▶Automationの設定

ここからAutomationでPDFを作成するためのボットを作成します。

1 Automationへアクセス

[Automation]セクションに移り、[Create my first automaito]ボタンをクリックしてください。

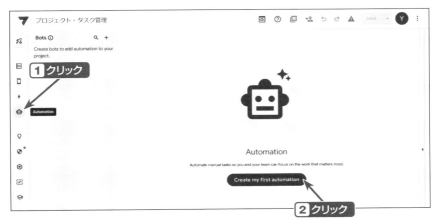

■ SECTION-023 ■ Automationの活用

2 ボットの新規作成

[Create a new bot]ボタンをクリックし、ボットの新規作成をします。[Configure event]ボタンをクリックし、表示された選択肢から[Create a new event]をクリックします。

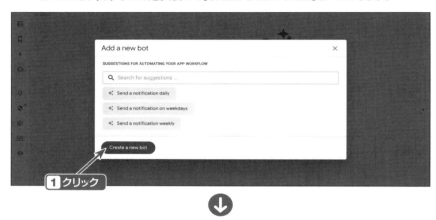

■ SECTION-023 ■ Automationの活用

3 イベントトリガーの条件設定

ここでは、このボットが発動するための条件を設定します。[Event source]には「App」、[Table]に「プロジェクト」、[Data change type]に「Updates」を指定指定する事で、アプリから[プロジェクト]テーブルのレコードに編集があった時というトリガー条件になります。[Condition]はフラスコマークをクリックして式エディタを起動し、次の式を入力します。

[_THISROW_BEFORE].[PDF更新日時] <> [_THISROW_AFTER].[PDF更新日時]

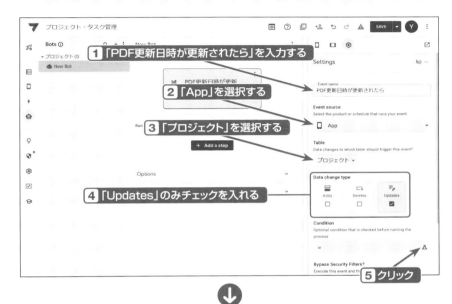

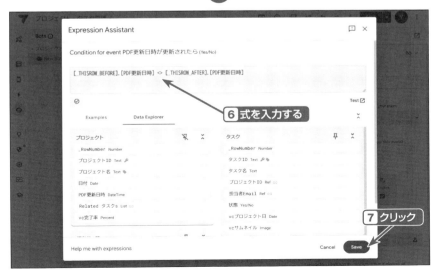

■SECTION-023 ■ Automationの活用

　このイベントトリガーの設定により、アプリから[プロジェクト]テーブルのレコード編集があり、さらに、[PDF更新日時]の値が以前と違っていたら、という条件になります。

> HINT
> 次の式は、以前の[PDF更新日時]の値と今回の[PDF更新日時]の値が違うという意味です。
> [_THISROW_BEFORE].[PDF更新日時] <> [_THISROW_AFTER].[PDF更新日時]
>
> これをイベントの条件に指定することで、以前の[PDF更新日時]と今回のそれが違ったら、ボット内の以降のStepを実行するということになります。

4 実行ステップの設定

　イベントトリガーの条件設定が終わったら、次は該当のイベントが発生した時に、どんな処理を実行するかを設定します。「+Add a step」ボタンをクリックし、表示された選択肢から[Create a new step]をクリックします。

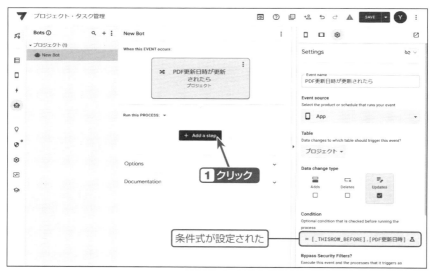

■ SECTION-023 ■ Automationの活用

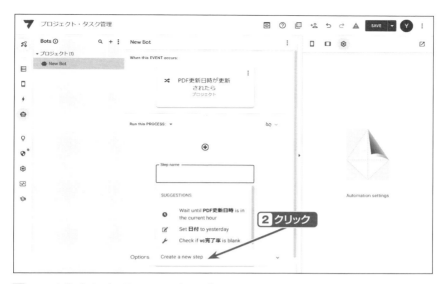

5 PDFを作成する処理のステップの設定

次の図で示す通りに設定して、PDFを作成する処理のステップを実装します。

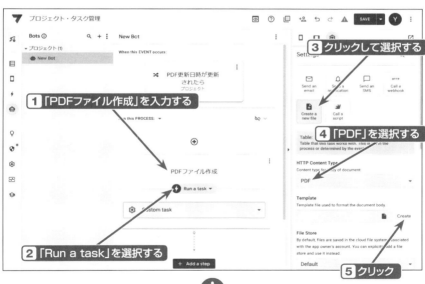

■ SECTION-023 ■ Automationの活用

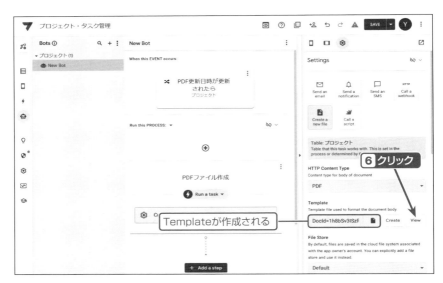

6 マスターテンプレートの確認

［View］ボタンをクリック後、次の図のようなドキュメントが作成されています。これがPDFファイルのマスターテンプレートとなります。本来は、ここから手動で修正するのですが、本書では、このまま使用することにします。

■ SECTION-023 ■ Automationの活用

> **HINT**
> テンプレートの書き方には厳格なルールがあります。本書ではくわしく説明しませんが、今後ご自身で、このテンプレートの内容を編集したい場合は、公式のドキュメントを参照してください。
> - AppSheet公式ヘルプのドキュメント（テンプレートの書き方）
>   **URL** https://support.google.com/appsheet/answer/11544497?hl=ja&sjid=1901663945658537478-AP
>   **URL** https://support.google.com/appsheet/answer/11541779?hl=ja&sjid=1901663945658537478-AP

▶テンプレートの格納場所

さて、このマスターテンプレートは、どこにあるのかというと、このアプリのデータソースであるスプレッドシートと同じ階層に[Content]というフォルダが自動作成されており、この中に格納されています。

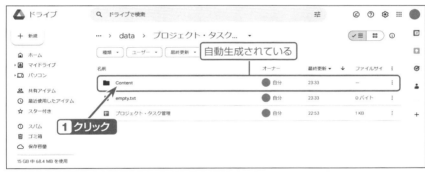

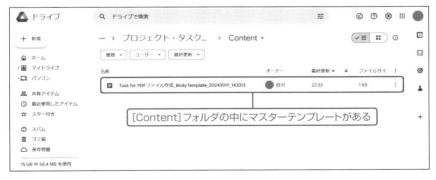

これは、[Settings]から[information]の設定の[Default app folder]をスプレッドシートがあるパスに設定したからです。

■ SECTION-023 ■ Automationの活用

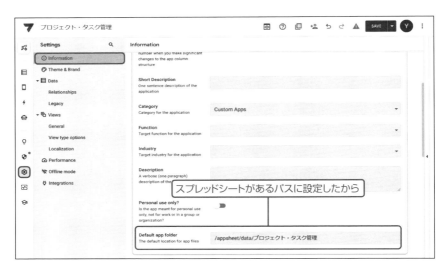

▶PDFファイルの出力方法の設定

ここからは、作成したPDFファイルの出力先、格納するフォルダ名、ファイル名などを設定します。

1 ファイルの出力先の設定

作成したPDFファイルの出力先、格納するフォルダ名、ファイル名などを設定するために、次の図のように設定します。[File Name Prefix]はフラスコマークをクリックして式エディタを起動し、次の式を入力します。

[プロジェクトID] & "_" & [プロジェクト名] & ".pdf"

ここでは、作成したPDFファイルをスプレッドシートと同じ階層に「PDF」フォルダを作成し、その中に、「[プロジェクトID] & "_" & [プロジェクト名] & ".pdf"」というファイル名で、常に上書きする形で出力します。

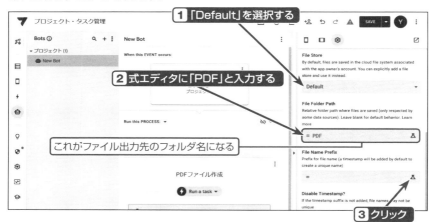

242

■ SECTION-023 ■ Automationの活用

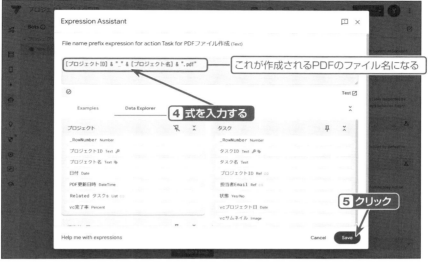

04 効果的なデータ構造の作り方

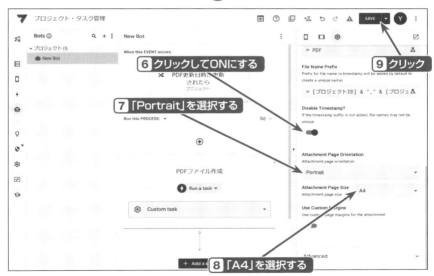

HINT
[File Folder Path]はPDFファイルが格納されるフォルダ名です。[Disable Timestamp?]がONの場合は、出力するファイルを常に上書きします。

■ SECTION-023 ■ Automationの活用

2 Test結果を確認

図のように「：」から「Test」をクリックして下さい。すると、新たなブラウザ画面が起動します。この画面にエラーがなければ、致命的な構文エラーは無い、ということです。エラーがなければ、このタブは閉じましょう。

3 ボット名の変更

ボット名をダブルクリックすると編集できるので、「PDF作成ボット」に変更し、[SAVE]ボタンをクリックして保存します。

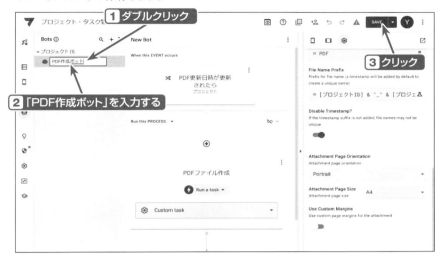

▶ビューでアクションを設定

アプリユーザーが、簡単にPDF作成できるように、作成したアクションをビューに組み込みましょう。このアクションを実行する事により、「PDF作成」ボットのイベントトリガーの条件に合致し、PDFが作成される流れになります。

1 アクションをビューに組み込む

[Views]セクションで[MENU NAVIGATION]の[プロジェクト]ビューを選択し、カードの[Layout]で[Action3]に[PDF更新日時を更新]を設定します。

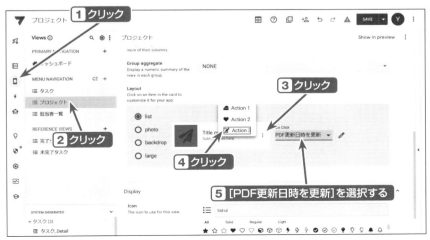

■ SECTION-023 ■ Automationの活用

2 動作の確認

［Open app in browser］をクリックして、ブラウザ画面で表示し、図の通り、［ホーム］ビュー内のプロジェクトの「：」から［PDFを作成］アクションをクリックしてください。PDF作成には数秒かかるので、オレンジの数字マークが消えるまで（同期の完了）待ちましょう。

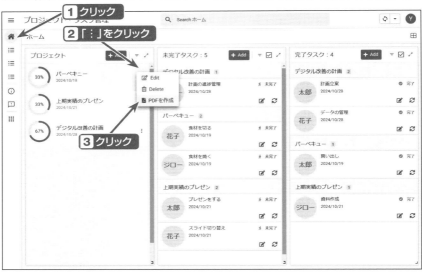

3 作成されたPDFファイルを確認

同期が完了したら、スプレッドシートがある階層を確認してください。ここに「PDF」というフォルダが作成されているはずです。ちなみに、これも[Settings]から[information]の[Default app folder]のパスが、スプレッドシートがあるフォルダを指しているので、この階層に「PDF」フォルダが作成されたのです。

クリックして、PDFフォルダ内を確認するとPDFフォルダ内に「プロジェクトID_バーベキュー.pdf」というPDFファイルが作成されています。このPDFファイルを開くと、図のように記入されていることが確認できるでしょう。

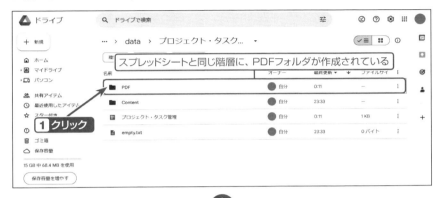

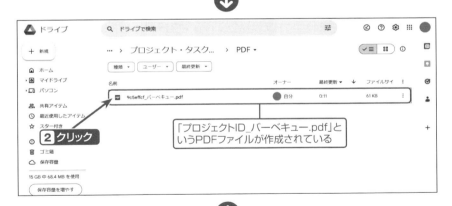

■ SECTION-023 ■ Automationの活用

このように「PDF更新日時を更新」アクションは、ボットのステップを発動させるためのイベントトリガーの役割だったことがご理解いただけたかと思います。ちなみに、このアクションは、メニュービューのプロジェクトで、該当のプロジェクトをクリックすると表示される[プロジェクト_Detail]ビューからも実行することができます。

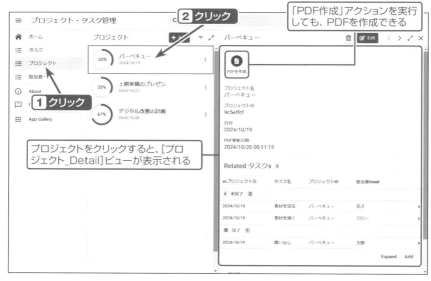

これで、プロジェクト・タスク管理アプリは完成です！ 実際にプロジェクト、タスクを追加し、活用してみてください。

SECTION-024

本章のまとめ

　本章では、Refタイプ(リレーション)を理解していただくために、かなりのページ数を割いて、何度も何度も繰り返し、理屈や原理を説明してきました。この章によって、皆様のリレーションへの理解が正しく深まっていれば幸いです。もし、まだ不安な点や曖昧な点があるようなら、何度も、この章を読み返してみてください。繰り返しになりますが、「業務で使うレベルのアプリ開発」をするためには、リレーションの正しい理解は必須の知識になります。

> **ONEPOINT** 本章のYouTube動画
>
> 　本章のアプリ作成はYouTube動画でも解説があります。動画とセットで学びを深めましょう。
> **URL** https://youtu.be/RFol0b9wOoE

ⅢEPILOGUE

　AppSheetの開発を体験してみて、いかがだったでしょうか？
　コーディングによる開発に比べ、数日、または数時間でアプリができてしまい、その圧倒的な開発速度に驚かれたのではないかと思います。

　一方で、本書は「入門書」でありながら、決して「簡単」と言えるような内容ではなかったと思います。
　本書を読んで、「テーブルのリレーション」を理解し、それを使いこなす力を身に着けることが、最も重要だということが伝わっていれば幸いです。他にも、SELECT関数などの重要な関数も出てきましたね。そして、Automaitonで作成したボットが動く原理…など。

　最後に筆者からのメッセージとして、AppSheetの学習について大切な点は、次の3つがあります。
　1. まず、触って、作って、動かしてみてください。
　2. なぜ、それで動くのか、仕組みと理屈を理解してください。
　3. 検証と修正を何度も繰り返してください。

　AppSheetは、魔法ではありません。
　アプリを意図通りに動作させるようになるには、まず仕組みを理解し、コントロールしていく知識とスキルを身に着けていることが本当に大切です。

　　　　　　　　　　　　　　　　　　　　　　　　　　　　　　　イルカのえっちゃん

INDEX

A
Action 190,212,234
Actions 44
App 44,223
App formula 146,182
AppSheet 10,20,37
Are updates allowed? 48,74,119
Automation 44,231

D
Data 44,55,115
DESCRIPTION 54
Detailビュー 75
Display name 198,219
Display Name 156
DISPLAY NAME 54
Documentation 51
Do this 216

E
EDITABLE 56
EDITABLE? 53,62
ER図 108

F
FORMULA 53,55
Formビュー 80

G
Google 10,14,20
Google Workspace 10,17
Googleドライブ 37,110

I
INITIAL VALUE 53,56
Inline 218
Is a part of 144,149,162

K
KEY 52,55,107

L
LABEL? 53,55
Layout 88,200
Localization 51

M
menu 93
MENU NAVIGATION 73,132,200

N
NAME 52,55
NFC? 54

P
PII? 54
Position 93,217
Primary 217
PRIMARY NAVIGATION ....
73,98,128,198
Prominent 218

R
RDB 106,177
ref 96
Ref 143,164,228
REFERENCE VIEWS 73,193

251

INDEX

Regenerate structure 178
REQUIRE 56
REQUIRE? 53,63

S

Scale 50
SCAN? 54
SEARCH? 54
Security 50
SELECT関数 186
Settings 44,74,100,147
SHOW 56
SHOW? 53,56,61
Starting view 103,202
Storage 49
SYSTEM GENERATED ....
73,123,191,205

T

Table settings 48,119
TYPE 52,55,66

U

UNIQUEID関数 59
USEREMAIL関数 59

V

View 73,123
Views 73,123

W

Warnings found in your app] 118

あ

アクション 90,213

い

1対多 108,147
1対多リレーション 108
イベントトリガー 231
インストール 29

か

拡張機能 43
カラム 52,55,143
カラムタイプ 52,167
間接参照 165

き

キー 52,107,143
キーカラム 143
逆参照リスト 171

さ

サインイン 26

す

スプレッドシート ... 37,47,71,110,159,231
スライス 178,187,205

せ

セクション 44

た

ダッシュボード 198,205

INDEX

て
データソース 47,110,231
データ定義 52,120
データベース 106
テーブル 47,106,110,119
デフォルトフォルダパス 45,113

と
トランザクションテーブル 109

の
ノーコード開発 10,15

は
バーチャルカラム 165,182

ひ
ビュー 73,84,123

ふ
フォーマットルール 223

へ
編集権限 48,117,119,213

ま
マスターテーブル 109
マスターテンプレート 240

ら
ラベル 53

り
リレーション 106,134,147,176

れ
連鎖削除 162

ろ
ローカライズ 102

253

■著者紹介

イルカのえっちゃん

　製造業での生産管理や現場改善の経験が十数年、それらの経験を活かし、徐々にデータ分析やデジタル改善の方へシフト。現在は、AppSheetが趣味な、ただの主婦。

● YouTube チャンネル

本書で解説した内容をYouTube動画で発信もしています。動画とセットで学びを深めましょう。

Appsheet教室 @ イルカのえっちゃんねる

https://www.youtube.com/@irukano_ecchan

● X

主にAppSheet関連の事を発信しています。

https://x.com/irukano_ecchan

┌───┐
│ 編集担当 ： 小林紗英 / カバーデザイン ： 秋田勘助（オフィス・エドモント） │
└───┘

●特典がいっぱいのWeb読者アンケートのお知らせ
　C&R研究所ではWeb読者アンケートを実施しています。アンケートにお答えいただいた方の中から、抽選でステキなプレゼントが当たります。詳しくは次のURLのトップページ左下のWeb読者アンケート専用バナーをクリックし、アンケートページをご覧ください。

C&R研究所のホームページ　https://www.c-r.com/
携帯電話からのご応募は、右のQRコードをご利用ください。

手を動かして学ぶ Google AppSheet ノーコード開発入門

2025年2月24日　　初版発行

著　者	イルカのえっちゃん
発行者	池田武人
発行所	株式会社　シーアンドアール研究所
	新潟県新潟市北区西名目所 4083-6（〒950-3122）
	電話　025-259-4293　　FAX　025-258-2801
印刷所	株式会社　ルナテック

ISBN978-4-86354-472-7　C3055
©Irukano Ecchan, 2025　　　　　　　　　　　　　　　Printed in Japan

本書の一部または全部を著作権法で定める範囲を越えて、株式会社シーアンドアール研究所に無断で複写、複製、転載、データ化、テープ化することを禁じます。

落丁・乱丁が万一ございました場合には、お取り替えいたします。弊社までご連絡ください。